茶制品开发

主　编　刘　燕

副主编　赵　冉　陈彦峰　王锦桦　刘　芳

参　编　罗　媛　吴学群　卓　敏　王　荣

　　　　曾　慧　罗　敏　李雅霖　许良慧

　　　　黄时蕙　钟　瑶　陈开敏

U0234639

北京理工大学出版社
BEIJING INSTITUTE OF TECHNOLOGY PRESS

内容提要

本书依照高等职业院校专业人才培养目标,由各大高校专业教师联合编写,构建项目化、任务式教学体系。本书的编写以实操为主、理论为辅,将理论与实践紧密结合,力求做到"一看就懂""一做就会"。

本书包含课程导入和八大项目,每个项目从学习目标着手,讲解基础知识,导入多个任务,每个任务由任务描述、任务重点、任务实施、任务评价、巩固训练等组成,能够让读者做到课前了解,课中理解,课后评价,追踪训练,全面掌握茶制品制作内容。除此之外,每个项目后加入拓展阅读,便于读者了解更多相关知识;加入框架式思维导图,利于读者清晰了解整个项目的结构与重点;加入知识测评,方便读者自我检测对项目内容的掌握程度。

本书可供高等职业院校茶艺与茶文化、茶叶生产与加工技术、食品智能加工技术、绿色食品生产技术、森林生态旅游与康养等专业学生使用,也可供相关行业的从业人员及感兴趣的读者使用。

图书在版编目(CIP)数据

茶制品开发 / 刘燕主编. --北京:北京理工大学
出版社,2024.4
ISBN 978-7-5763-3548-4

Ⅰ.①茶… Ⅱ.①刘… Ⅲ.①茶叶-加工 Ⅳ.
①TS272

中国国家版本馆CIP数据核字(2024)第049314号

责任编辑 / 王梦春		**文案编辑** / 辛丽莉	
责任校对 / 周瑞红		**责任印制** / 王美丽	

出版发行 / 北京理工大学出版社有限责任公司

社　　址 / 北京市丰台区四合庄路6号

邮　　编 / 100070

电　　话 / (010) 68914026(教材售后服务热线)
　　　　　　(010) 68944437(课件资源服务热线)

网　　址 / http://www.bitpress.com.cn

版 印 次 / 2024年4月第1版第1次印刷

印　　刷 / 河北鑫彩博图印刷有限公司

开　　本 / 787 mm×1092 mm　1/16

印　　张 / 10

字　　数 / 188千字

定　　价 / 78.00元

前　言

　　茶叶作为世界三大饮料之一，是天然、健康且极富文化内涵的"绿色黄金"。茶既是人们生活的必需品，同时也是文化交流的最佳媒介，在我国农业经济中占据重要的地位。从应用方式来讲，茶具有饮用、食用、药用等价值。近年来，随着我国茶产业经济的不断发展、食品加工技术的提升及现代生活节奏的加快，茶叶的利用方式也从饮用到食用、日用、药用等，发展更多元化，茶产品种类亦日趋丰富，形成了琳琅满目的茶制品，如茶食品、茶饮料、茶保健品、茶日化用品等。

　　目前，基于茶产业市场发展需求，不断完善茶制品开发课程建设，为行业提供全面的知识体系，培养符合新时代需求的专业技术技能人才，成为茶学教育的重点方向。因此我们组织相关专业教师共同编写《茶制品开发》。本书在编写中力求理论与实践相结合，关注自然科学与社会科学的协同发展，融合茶产业的新理念、新现象。本书开篇对茶制品开发基础认知进行了阐述和分析，让学生能够通过了解茶制品开发的基本概念，掌握茶制品开发的产品、技术和原料，明确茶制品开发的化学物质基础，清晰茶制品的质量标准，在此基础上全面介绍了超微茶粉、袋泡茶、速溶茶、茶饮料、茶酒、茶食品、茶日化用品和茶疗的概论及产品具体制作流程、方法。通过"茶制品开发"课程的学习，学生能够系统地掌握茶制品分类、特点及不同茶制品具体制作方法等知识与技能，在现实生活中完整实现茶制品的制作。

　　随着现代食品加工技术的发展和消费者健康意识的加强，茶叶资源的利用将更加科学、充分和深入，将有三种发展趋势：一是可利用的茶树资源的丰富化，以茶叶为主，茶花、茶籽、茶根、修剪枝叶、茶渣等副产品为辅，避免茶树资源的浪费，提高整个茶产业产值；二是以茶叶功能性成分为主的保健品的开发，如茶多酚、茶多糖、茶氨酸等，将这些成分制成胶囊、含片，不仅有益人体健康，而且方便、简洁；三是产品的多元化，除传统茶外，茶饮料、茶食品、茶日化用品等不断推陈出新，特别是茶食品和茶日化用品，改变了传统的茶叶利用方式，促进了茶叶的多元化应用，加速了茶叶的消费增长。故茶制品开发是我国茶行业可持续发展的有效途径之一。构建具有文化特色和时代特征的茶制品开发基础知识体系，编写利于学生实操的新形态教材，将更有助于为综合利用茶树资源、开发茶叶新用途和新功效、增加茶产业产值赢得广阔空间。我们期待《茶制品开发》的推出能够以更全面的视角为茶制品的发展贡献力量；我们也期待有更多专业人才能够通过学习投身茶制品开发行业，助力"三茶"统筹发展，服务于乡村振兴。

本书包含课程导入和八大项目。①茶制品开发概述。探索茶的无限可能和独特魅力，在茶制品开发的旅程中，领略茶的千姿百态，感知茶文化的博大精深，深入了解茶制品开发的核心原理和技术要点，培养对茶的细腻感知和独到见解。②超微茶粉。将茶的精华化为细腻的粉末，将茶香与口感完美融合茶粉的加工艺术，凝聚着对茶叶细致处理的匠心与智慧。③袋泡茶。将茶叶装入精致的袋子，方便快捷地品味茶的美妙。袋泡茶的精心加工，让茶的风味在袋中得以完美释放，带来便捷的品茶体验，享受袋泡茶带来的独特口感和香气，让茶的魅力随时随地陪伴我们。④速溶茶。将茶的精华溶于水中，即刻品味茶的芳香与滋味，速溶茶的精湛工艺让茶的醇香在瞬间绽放，满足人们快节奏生活的品茗需求，体验速溶茶带来的便利和快捷，畅享茶的美好时刻。⑤茶饮料。将茶的清新与创新相结合，为口感和品位带来新的体验，开发茶饮料的创意与艺术，让茶的魅力在饮品中得以充分展现，尝试不同种类的茶饮料，品味茶的多样性和无限变化的风味。⑥茶酒。茶文化与酒文化的完美结合，融合了茶叶的芳香与酒的醇厚。以精选的茶叶和独特的工艺，酿造出口感细腻、芬芳馥郁的茶酒，领略茶与酒交融的独特魅力。⑦茶食品。将茶的香气与食材的精华相融合，制作出口感丰富、味道独特的茶食品，带来舌尖上的美妙享受，在美食中感受茶文化的精髓。⑧茶日化用品。茶的精华与天然成分相融合，为肌肤带来滋养与呵护，同时散发出清新宜人的茶香，让肌肤沐浴在茶香中，感受身体与心灵的舒适和放松。⑨茶疗。如同大自然的呼吸般自然纯净，为身心带来平衡与和谐。茶叶的精华和古老疗法的智慧，打造出一种独特的茶疗体验，在柔和的茶香中感受到身心的愈合与焕发，帮助恢复内心的平静、提升能量的流动，并促进身体的健康与放松。

本书由江西环境工程职业学院刘燕担任主编，广东生态工程职业学院赵冉、广东科贸职业学院陈彦峰，江西环境工程职业学院王锦桦和刘芳担任副主编。具体编写分工为：刘燕负责全书统筹工作并编写项目一和项目二；赵冉编写课程导入和项目八；陈彦峰编写项目五和项目六；王锦桦编写项目三和项目七；刘芳编写项目四。在本书编写过程中，江西环境工程职业学院罗媛、吴学群，广东科贸职业学院卓敏，江西环境工程职业学院王荣、曾慧、罗敏、李雅霖、许良慧、黄时蕙、钟瑶，江西犹江绿月嘉木文化发展有限公司陈开敏也提出了很多宝贵的意见，在此表示感谢。

本书编写过程中参考和引用了多位专家学者的研究成果，在此谨表谢意！由于编者学识有限，书中疏漏和不妥之处在所难免，恳请广大读者赐教惠正！

编　者

目 录

课程导入　茶制品开发概述

📍 学习目标

【知识目标】

1. 理解茶制品开发的概念和意义。

2. 了解茶制品的产品形态、种类和原料。

3. 掌握茶制品开发主要化学物质的种类和含量。

【技能目标】

1. 能够掌握茶制品开发的技术方法和基本思路。

2. 能够掌握茶制品中主要化学物质的性质。

3. 能够制定茶制品的质量标准。

【素质目标】

1. 通过学习茶制品开发的概念和意义，提高学生的理解和分析能力。

2. 通过学习茶制品的产品形态、种类和原料，培养学生的产品创新能力。

导入语

　　云南基诺族的凉拌茶是一种古老的吃茶方法，也是基诺族最具特色的茶文化遗产之一。在基诺族人中，凉拌茶被叫做"腊攸"。据当地人介绍，过去生活条件差，人们在山上农作时没有菜吃，于是就地取材，将普洱茶的鲜茶叶、盐和辣椒舂碎，然后拌饭吃。随着人们的不断尝试，凉拌茶逐渐演变成了如今的汤菜。我们这门课就是要学会开发不同形式的茶制品，通过各种方式充分利用茶树资源。

<h1 style="text-align:center">基础知识一</h1>

一、茶制品的概念

茶制品是指以茶鲜叶、半成品、成品茶、再加工茶、副茶、茶籽、茶花等茶树资源为原料，运用现代科学理论和高新技术，从深度、广度开发含有茶或茶叶成分的产品的总称。

视频：茶制品的
基本知识

二、茶制品开发的意义

1.综合利用茶树资源

传统茶树资源的利用，多以茶树幼嫩的芽叶，尤其是春季的鲜叶为主。然而，具有营养与保健价值的不仅是幼嫩的芽叶，茶花、茶籽、茶根及茶梗中均含有营养丰富或具有一定生物活性的化合物。茶树的每个部位都有其利用价值，茶叶的下脚料、修剪的枝叶、茶梗等均可纳入可开发利用的资源范围。

2.拓展茶叶价值领域

长期以来，茶叶多以饮用的形式呈现，通过热水冲泡获取茶叶中的可溶性成分，这种价值体现较为单一。随着茶叶深加工技术的发展，茶叶正逐渐被开发成为各种形式的产品出现在不同的生活场景中，其利用形式逐渐走向多元化。茶叶的可溶性成分、不溶性成分均能被人体吸收利用，其价值领域不断延伸拓展。

3.提高茶产品的附加值

我国是名副其实的茶叶产销大国，但茶产业的繁荣背后，却是茶叶加工简单、技术含量低、利润低下等问题。特别是在各种茶叶活性物质被不断发现后，如何运用现代的物理、化学、化工和生物技术生产出有利于改善人们生活的含茶或茶提取物的产品，充分发挥茶叶功能成分的作用，提高传统茶技术和产品的科技含量，特别是提高茶产品的附加值，也是茶制品开发的重要意义和研究范畴。

三、茶制品的产品形式

长期以来，人们对茶叶的利用方式较为单一，主要以饮用为主。近年来，随着食品加工、化工、生物工程等新技术的发展及现代生活节奏的加快，茶叶的产品形式开始多元化，从单一的茶叶逐渐发展到药用、食用、日化用品等不同形态、不同用途的茶制品。

目前，常见的茶制品包括超微茶粉、袋泡茶、茶食品、茶饮料、茶日化用品（包括纺织品、护肤品、卫生用品）、茶酒、茶保健品、茶提取物（包括速溶茶、茶多酚、茶黄素、茶蛋白、茶皂素等）及茶工艺品、茶文化艺术品、茶旅游资源及其他科研成果和创新产品。

党的二十大报告指出，我们实行更加积极主动的开放战略，共建"一带一路"成为深受欢迎的国际公共产品和国际合作平台，我国成为一百四十多个国家和地区的主要贸易伙伴，货物贸易总额位居世界第一，吸引外资和对外投资位居世界前列，形成更大范围、更宽领域、更深层次的对外开放格局。

四、茶制品开发的工艺技术

茶制品开发采用的工艺技术可分为机械加工、物理加工、化学和生物化学加工、综合技术加工四个方面。

1. 茶叶的机械加工

茶叶的机械加工是指不改变茶叶本质的加工。其特点是只在形式上改变茶叶的外在形态（如颗粒大小），以便于贮藏、冲泡、符合卫生标准，产品形式如袋泡茶、茶粉等。

2. 茶叶的物理加工

茶叶的物理加工是指采用物理方法改变茶的形态而不改变茶的内质的加工。其特点是便于干茶的贮藏、运输、饮用。其关键技术是提高产品的纯度和得出率，保持功能成分的生物活性，如速溶茶、茶膏等。

3. 茶叶的化学和生物化学加工

茶叶的化学和生物化学加工是指采用化学或生物化学方法，以茶鲜叶或成品茶等为原料的加工。其特点是从茶叶中分离、纯化出其功能成分，或改变茶叶本质制成新的产品，如茶氨酸含片、茶多酚胶囊等。

4. 茶叶的综合技术加工

根据产品种类和加工方法，茶叶的综合技术加工可分为茶食品加工、茶药品加工、茶发酵加工等。

五、茶制品开发的原料

茶制品开发的原料可以直接来源于茶树，也可以来源于加工过程中的半成品、加工后的成品和茶叶副产品等。

1. 茶鲜叶

以茶鲜叶为原料，可以直接加工成鲜茶汁，也可以直接用于烹饪。

2. 茶叶半成品

加工过程中的茶叶半成品，如绿茶揉捻叶、红茶发酵叶等都可以直接用于茶制品的开发。

3. 茶叶成品

六大茶类不仅可以直接饮用，同时也可以作为茶食品、茶饮料的生产原料。

4. 茶叶功能成分提取物

含茶保健品、日化用品等产品所使用的原料很多来自茶叶的提取物，或者是经过分离纯化的一种或几种活性成分。

5. 茶籽、茶花等茶树资源

长期以来，鲜叶是茶树利用最多的部位。除此之外，茶籽、茶花、茶树根等其他茶树部位同样有着不同的效用，可作为茶制品开发的原料。

基础知识二

在茶鲜叶中，水分约占 75%，干物质约占 25%。茶叶的化学成分是由 3.5% ～ 7.0% 的无机物和 93.0% ～ 96.5% 的有机物组成的。除水分外，茶叶具有不同性质和含量的各种化学物质，包括滋味物质、香气物质、色素等，都是茶制品开发所利用的化学物质基础（图 0-1）。

视频：茶叶中的
主要化学成分

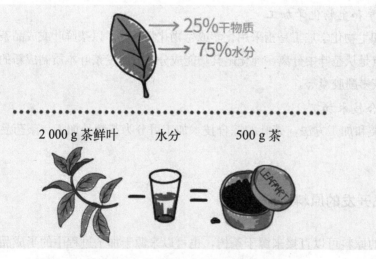

图 0-1　茶叶中的化学成分及在干物质中的含量

分类		名称	占鲜叶比重 /%	占干物质比重 /%
水分			75~78	
干物质	无机物	水溶性部分	22~25	2.0~4.0
		水不溶性部分		1.5~3.0
	有机化合物	蛋白质		20~30
		氨基酸		1.0~4.0
		生物碱		3.0~5.0
		茶多酚		20~35
		糖类		20~25
		有机酸		3
		类脂类		8
		色素		1
		芳香物质		0.005~0.03
		维生素		0.6~1

图 0-1 茶叶中的化学成分及在干物质中的含量（续）

一、茶叶中的营养成分

（1）六大食品营养素：蛋白质、脂质、碳水化合物、维生素、矿物质及微量元素、水。

（2）五类（44 种）人体必需营养素：

1）必需氨基酸 8 种：异亮氨酸（Ile）、亮氨酸（Leu）、苯丙氨酸（Phe）、蛋氨酸（Met）、酪氨酸（Tyr）、苏氨酸（Thr）、赖氨酸（Lys）、缬氨酸（Val）。

2）必需脂肪酸 1 种：亚油酸。

3）维生素 13 种：脂溶性维生素 4 种——维生素 A、维生素 D、维生素 E、维生素 K；水溶性维生素 9 种——维生素 B_1、维生素 B_2、维生素 B_6、维生素 B_{12}、叶酸、泛酸、生物素、烟酸、维生素 C。

4）无机盐：常量元素 7 种——Ca、P、Mg、K、Na、Cl、S；微量元素 14 种——Fe、Cu、Zn、Mn、Mo、Ni、Sn、Fo、Co、Cr、F、I、Se、Si。

5）水。

二、茶叶中的功效成分

1. 功效成分（功能因子）概念

功效成分是指能通过激活酶的活性或其他代谢途径，调节人体机能的物质。

2. 主要的功效成分

（1）茶叶中的蛋白质。茶叶中的蛋白质属于植物蛋白，占干物质的 20% ~ 30%，但能溶于茶汤的蛋白质仅约 1%。即使每天饮茶 10 g，其提供蛋白质的量不超过 0.5% ～ 1%。所以，在茶渣中残留着大量未被利用的蛋白质。茶叶中蛋白质含量呈现一定的规律，是茶叶嫩度的重要指标之一。不同茶树品质、生长季节及环境条件下，蛋白质含量不同。

（2）茶叶中的氨基酸。茶叶中含有 20 种蛋白质氨基酸和 6 种非蛋白质氨基酸（茶氨酸、豆叶氨酸、谷氨酰甲胺、γ－氨基丁酸、天冬酰乙胺、β－丙氨酸）。其中，含量最高、关注度最高的是茶氨酸。

茶氨酸占新梢氨基酸总量的 70% 左右，茶叶游离氨基酸的 40% 以上，占茶叶干重的 1% ～ 2%，茶汤中的浸出率为 80% 左右。茶氨酸的主要性质有以下五点。

1）纯品为白色针状结晶，熔点为 217 ～ 218 ℃。

2）极易溶于水，不溶于乙醚、无水乙醇和 25% 硫酸等有机溶剂。

3）其水溶液显微酸性，具有焦糖香和类似味精的鲜爽味。

4）茶氨酸可缓冲茶多酚带来的收敛性，以及拮抗咖啡碱带来的兴奋作用。

5）茶氨酸的含量往往和茶叶的品质呈正相关。

茶氨酸的分布与其他氨基酸的分布相似，除叶子外的所有器官都有一定的含量，冬季的吸收营养物质的根和春季的新梢最多。

氨基酸在茶叶品质上的作用有以下两点。

1）滋味因子。

①鲜爽味：茶氨酸（Theanine），谷氨酸（Glu），天冬氨酸（Asp），谷氨酰胺（Gln），天冬酰胺（Asn）。

②甜鲜：苏氨酸（Thr），丝氨酸（Ser），丙氨酸（Ala），甘氨酸（Gly），蛋氨酸（Met），半胱氨酸（Cys）。

③甜略苦：脯氨酸（Pro）。

④苦味：缬氨酸（Val），亮氨酸（Leu），异亮氨酸（Ile），苯丙氨酸（Phe），酪氨酸（Tyr），色氨酸（Trp）。

⑤苦略甜：组氨酸（His），赖氨酸（Lys），精氨酸（Arg）。

2）香气因子。精氨酸（Arg），苯丙氨酸（Phe），苏氨酸（Thr），赖氨酸（Lys），甘氨酸（Gly），丙氨酸（Ala），缬氨酸（Val），蛋氨酸（Met），亮氨酸（Leu），异亮氨酸（Ile）。

（3）茶叶中的生物碱。茶叶之所以能够成为全球性饮料，与茶叶含有丰富的生物碱有着必然联系。它是决定茶叶提神益思、强心利尿、消除疲劳等功效的主要物质。茶叶含有的生物碱主要包括咖啡碱（2% ～ 5%）、可可碱（0.05%）、茶碱（0.002%）三种。咖啡碱在茶叶生物碱中含量最高，是茶叶的特征性成分之一，可用来辨别真假茶。

咖啡碱的主要性质有以下五点。

1）性状：白色绢丝状结晶。

2）溶解性：易溶于热水，酒精、氯仿、乙酸乙酯中，利用它易溶于氯仿的性质，常用于提取和进行定性定量。

3）升华：于 120 ℃开始升华，到 180 ℃大量升华，故加温不可太高，红茶的含量高于绿茶，绿茶在炒干时起霜，主要是摩擦使表面粗糙光线不同方向反射的结果，但少量咖啡碱升华附于叶表也有作用。

4）味：味苦，但饮用茶叶时，茶叶中的咖啡碱完全不同于相同浓度的纯咖啡碱溶液所具有的不爽快的苦味。

5）络合：咖啡碱与酚类及其氧化产物结合，不但减轻了苦涩味，使滋味更加醇和，而且影响人体对茶叶中咖啡碱的吸收率，减轻咖啡碱的刺激作用，因此，茶叶被称为"温和的标准兴奋剂"。在红茶中，咖啡碱与茶黄素、茶红素结合，这是"冷后浑"——乳状沉淀的主要成分。

（4）茶叶中多酚类物质。茶多酚是茶叶中多酚类物质的总称。它是茶叶中一类主要的化学成分。茶多酚的含量高、分布广、变化大，对品质的影响最显著，是茶叶生物化学和茶制品开发研究最广泛、最深入的一类物质。

1）茶多酚的组成。茶叶中的多酚类物质属缩合鞣质（或称缩合单宁），为了有所区别，冠以"茶"字，称为茶鞣质（或茶单宁）。因其大部分能溶于水，所以又称为水溶性鞣质。它是由黄烷醇类（儿茶素类）、黄酮类和黄酮醇类、花青素类和花白素类、酚酸和缩酚酸类所组成的一群复合体。

2）茶多酚的理化性质。

①溶解性。分子上有较多的羟基，使它们有较强的水溶性。在甲醇、乙醇、乙醚、乙酸乙酯、丙酮和 4-甲基戊酮中的溶解性也很好。在氯仿、石油醚中不溶解。

②稳定性。茶多酚在酸性环境中较稳定，在碱性、潮湿条件下易氧化聚合成棕黑色物质，在光照下也易聚合成红棕色物质。

③氧化还原性。酚性羟基可提供质子，是一种理想的天然抗氧化剂。由于茶多酚结构中具有"连"或"邻"苯酚基，作为抗氧化剂已在食品和医药行业中引起极大的关注。从植物里提取抗氧化剂，茶叶是一种理想的原料来源。尤其是利用茶叶副产品或低档茶，不仅是"变废为宝"，使低值资源生产出高值产品，使企业向高科技化发展的意义重大。

④与蛋白质、氨基酸结合。多酚类含有的游离羟基，与蛋白质的氨基结合，使蛋白质沉淀从而产生杀菌、抑制病毒的效果。另外，与口腔黏膜上皮层组织的蛋白质相结合，并凝固成不透水层，这一层薄膜，产生一种味觉感，这就是涩味。

⑤酚性羟基的酸性。儿茶素也称儿茶酸，使茶汤一般呈弱酸性，利用这一特性，加碱使茶多酚生成盐，如果这种盐的水溶性小，就沉淀下来，在一些成分的测定中，常用碱式醋酸铅去除多酚类。

⑥与金属的反应。多酚类可还原重金属离子并生成沉淀，使毒性强的金属离子还原为毒性弱的离子。与 Fe^{3+} 结合，生成蓝黑色的络合物；与 $AlCl_3$ 作用，生成黄色结合物，主要是黄酮类化合物起作用；与香草精（香荚兰素）在强酸性条件下产生樱红，形成棕

红紫红产物。

（5）茶叶中芳香物质。茶叶中芳香物质的组成包括碳氢化合物、醇类、醛类、酮类、酯类和内酯类、含 N 化合物、酸类、酚类、杂氧化合物、含硫化合物等。

1）醇类。根据和醇基相结合的主键或母核不同，醇类可分为脂肪族醇、芳香族醇和萜烯醇类。

①脂肪族醇在茶鲜叶中含量较高，其沸点较低，易挥发。以顺 -3- 己烯醇含量最高，约占鲜叶芳香油的 60%。

②芳香族醇的香气特征是类似花香或果香，沸点较高，较重要的有苯甲醇、苯乙醇和苯丙醇等。

③萜烯醇具有花香或果实香，沸点较高，对茶香的形成具有重要的作用。重要的有芳樟醇、香叶醇、橙花醇、香草醇、橙花叔醇等。

2）醛类。醛类与形成食品香气和各种特异香气风格有密切的关系。在茶鲜叶中，醛类约占茶鲜叶芳香油的 3%（茶叶中约占 10.30%），在加工后成品茶中含量高于鲜叶，红茶中含量高于绿茶。

低级脂肪族醛类有强烈刺鼻气味，随分子量增加刺激性程度减弱，逐渐出现愉快的香气。在茶叶中低级脂肪醛以己烯醛含量较多，其占茶叶芳香油的 5% 左右，是构成茶叶清香的成分之一。

在芳香族醛类中，肉桂醛具有肉桂香气，苯甲醛在空气中不稳定易被氧化成苯甲酸，具苦杏仁香气；在萜烯醛类中，橙花醛有浓厚的柠檬香，主要存在于红茶中。

3）酮类。苯乙酮可与甲醇、精油混合，具强烈而稳定的令人愉快的香气，存在于成品茶中，含量极微。

α- 紫罗酮微溶于水和丙二醇，溶于乙醇、乙醚，具有紫罗兰香；β- 紫罗酮具有紫罗兰香，对绿茶香气影响较大。β- 紫罗酮进一步氧化的产物包括二氢海葵内酯、茶螺烯酮等，它们与红茶香气的形成关系较大。

茉莉酮在茶鲜叶及各类成品茶中均存在，有强烈而愉快的茉莉花香。

4）羧酸类。羧酸在鲜叶中含量不高，大多以酯型化合物的状态存在于有机体中，经加工的成品茶含量比鲜叶高，尤其是在红茶中占精油总量的 30% 左右，绿茶中仅有 2%～3%，这种含量与比例上的差异，是形成红茶、绿茶香型差别的因素之一。

5）酯类。萜烯族酯类主要是醋酸酯（乙酸酯）类，包括醋酸香叶酯（似玫瑰香气）、醋酸香草酯（较强的香柠檬油香气）、醋酸芳樟酯（似青柠檬香气）、醋酸橙花酯（似玫瑰香气）等；芳香族酯类包括苯乙酸苯甲酯（似蜂蜜香气）、水杨酸甲酯（冬青油香）、邻氨基苯甲酸甲酯（甜橙花香）等。

6）内酯类。茉莉内酯具有特殊的茉莉花香气，是乌龙茶、包种茶和茉莉花茶的主要香气成分；二氢海葵内酯呈甜桃香，是 β- 胡萝卜素的热降解或光氧化产物。

7）酚类。茶叶中的酚类化合物主要是苯酚及其衍生物，其中重要的有 2- 乙基苯酚、4- 乙基愈创木酚、丁香酚等。

8）杂氧化物。茶叶中的杂氧化合物主要有呋喃类、吡喃类及醚类等。它们也是茶叶芳香物的一部分，并参与了茶叶香气的构成。

9）含硫化合物。含硫化合物主要是噻吩、噻唑及二甲硫等。二甲硫具有清香，蒸青茶中大量存在，也存在于红茶中，是绿茶新茶香的重要成分。噻唑则具有烘炒香。

10）含氮化合物。含氮化合物大多是在茶叶加工过程中，经过热化学作用而形成的具有烘炒香的成分，如吡嗪类、吡咯类、喹啉类及吡啶类等。

茶叶经过贮藏后，二甲硫由于陈化而消失，贮藏过程中形成的丙醛、2,4-庚二烯醛、1-戊烯-3-醇、2-戊烯-1-醇的四种物质是绿茶的陈气味物质。乙酸是在贮藏中形成的与陈味成正相关的物质。

（6）茶叶中的色素。色素是一类存在于茶树鲜叶和成品茶中的有色物质，是构成茶叶外形色泽、汤色及叶底色泽的成分。其含量及变化对茶制品的品质起着至关重要的作用。

在茶叶色素中，有的是鲜叶中已存在的，称为茶叶中的天然色素；有的则是在加工过程中，一些物质经氧化缩合而形成的。

茶叶色素通常可分为脂溶性色素和水溶性色素两类。脂溶性色素主要对茶叶干茶色泽及叶底色泽起作用；而水溶性色素主要对茶汤有影响。

1）脂溶性色素。脂溶性色素是茶叶中可溶于脂肪溶剂的色素物质的总称。其主要包括叶绿素和类胡萝卜素。这两类色素不溶于水，易溶于非极性有机溶剂中。

①叶绿素在鲜叶中与蛋白质类物质相结合形成叶绿体，在制茶过程中叶绿素从蛋白体中释放出来。游离的叶绿素很不稳定，对光、热敏感。

②类胡萝卜素是一类具有黄色到橙红色的多种有色化合物，可分为胡萝卜素和叶黄素两大类。

2）水溶性色素。水溶性色素是茶叶中能溶于水的呈色物质的总称。一般是指花黄素类（黄酮类和黄酮醇类）、花青素类和儿茶素的氧化产物。茶鲜叶中存在的天然水溶性色素主要有花黄素和花青素等，它们都是类黄酮化合物。

茶叶加工过程中形成的色素大多是儿茶素的氧化产物，包括茶黄素、茶红素和茶褐素。

①茶黄素是红碎茶中色泽橙红，具有收敛性的一类色素，其含量占红茶固形物的1%～5%，是红茶滋味和汤色的主要品质成分。

②茶红素是红茶氧化产物中最多的一类物质，含量约为红茶质量的9%～19%（干重），占红茶多酚类物质的70%左右。该物质为棕红色，能溶于水，水溶液呈酸性，深红色，刺激性较弱，是构成红茶汤色的主体物质，对茶汤滋味与汤色浓度起极重要的作用。

③茶褐素呈深褐色，溶于水，不溶于乙酸乙酯和正丁醇，是造成红茶茶汤发暗、无收敛性的重要因素。其含量与品质呈高度负相关，含量增加时红茶等级下降。

基础知识三

特别是食品在开发过程中，必须制定茶制品相应的质量标准，以保障产品品质的稳定性。除此之外，还要符合相应的安全标准，以保证产品的安全性。

一、技术要求

生产过程中原料采购、加工、包装、贮藏和运输等环节的场所、设施、人员的基本要求和管理准则应符合《中华人民共和国食品安全法》第四章及《食品安全国家标准 食品生产通用卫生规范》（GB 14881—2013）的规定。

二、原辅料的质量标准

茶叶原料应符合相应茶类的质量标准和安全标准，使用的食品添加剂品种、范围、使用量应符合《食品安全国家标准 食品添加剂使用标准》（GB 2760—2014）的规定。

三、感官要求

茶制品在开发过程中，要明确产品在色泽、滋味、香气、组织状态等感官方面的质量标准。

四、理化要求

（1）与产品品质相关的理化指标，如水分含量、杂质含量、茶多酚含量、咖啡碱含量等，根据产品的具体属性制定理化指标。

（2）与产品安全性相关的理化指标，如重金属残留量、农药残留量、食品添加剂使用量等，严格执行《食品安全国家标准 茶叶》（GB 31608—2023）的规定。

五、微生物指标

茶制品中包括霉菌、沙门氏菌、金黄色葡萄球菌等可能出现的有害微生物含量，根据产品的具体类别严格执行国家标准。

● 巩固训练

1. 列举茶制品具体产品名称。

2. 分析茶制品开发未来的发展方向。

3. 茶叶中食用和饮用的物质基础分别是什么？

◆ **拓展阅读** ◆

　　当下中国人喝茶，大多推崇清饮。东北、西北及部分边疆地区喜爱的奶茶、酥油茶虽不是清饮，但只在特定区域消费。近几年，随着新茶饮的盛行，茶叶与各种花草、水果等的搭配，在年轻群体中颇受欢迎。这里要专门指出的一种搭配是，面向原有清饮人群的茶叶"混搭"型产品热度渐升，如陈皮普洱、小青柑。近年来，消费者对健康及相关理念更加关注，因此具有健康功效的陈皮与白茶、普洱、六堡、安化黑茶等茶类的搭配层出不穷。另外，多种花草与茶叶的搭配作为一种口味调节，在清饮人群中逐渐受到欢迎。

思维导图

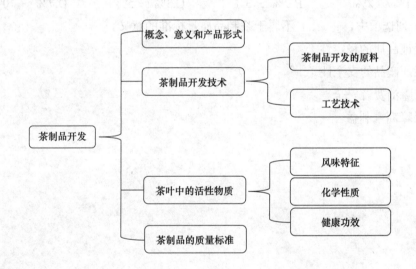

知识测评

1. 下列选项中，（　　）不属于茶制品。

　　A. 含茶饮料　　　　B. 袋泡茶　　　　C. 菊花茶　　　　D. 速溶茶

2. 速溶茶的生产运用的是（　　）技术。

　　A. 机械加工　　　　B. 物理加工　　　　C. 化学加工　　　　D. 生物化学加工

3. 茶叶干物质中，茶多酚的含量范围是（　　）。

　　A. 5% ～ 10%　　　　B. 10% ～ 20%　　　　C. 20% ～ 35%　　　　D. 40% ～ 50%

4. 下列茶叶中的主要化学物质，滋味表现为鲜爽味的是（　　）。

   A. 茶多酚　　　　　B. 氨基酸　　　　　C. 咖啡碱　　　　　D. 茶多糖

5. 下列成分中，（　　）属于茶叶中的营养成分。

   A. 茶多酚　　　　　B. 蛋白质　　　　　C. 咖啡碱　　　　　D. 茶多糖

6. 茶叶中能起到兴奋作用的物质主要是（　　）。

   A. 茶多酚　　　　　B. 氨基酸　　　　　C. 生物碱　　　　　D. 茶多糖

7. 下列茶叶中的色素，（　　）不可以溶于水。

   A. 茶红素　　　　　B. 茶黄素　　　　　C. 茶褐素　　　　　D. 叶绿素

8. 关于茶多酚的化学性质，下列说法错误的是（　　）。

A. 对茶叶的香气和滋味均有较大的贡献

B. 可以络合金属离子

C. 可以与蛋白质结合

D. 可以溶于热水和冷水

9. 生物碱在茶叶干物质中的含量是（　　）。

   A.1% ～ 2%　　　　B.2% ～ 3%　　　　C.3% ～ 5%　　　　D.7% ～ 10%

10. 下列选项中，（　　）不属于茶制品质量标准的意义。

A. 保证品质的稳定性

B. 保证产品的安全性

C. 保障消费者安全

D. 保障商家利益

项目一　超微茶粉——纯净精致的茶叶精粹

📍 学习目标 ●

【知识目标】

1. 熟悉超微茶粉的基本概念、特点及分类。

2. 掌握超微绿茶粉和超微红茶粉的加工技术。

3. 认识到超微茶粉在日常生活中的应用。

【技能目标】

1. 能够熟练掌握超微绿茶粉和超微红茶粉的加工技术。

2. 能够正确地将超微茶粉应用在人们的日常生活中。

3. 能够熟悉抹茶的加工工艺、特点、品质特征及其应用。

【素质目标】

1. 通过比较超微绿茶粉、超微红茶粉和抹茶之间的区别，提高学生的思辨能力。

2. 通过团队协作，分工完成超微茶粉的制作，培养学生团队协作的团队合作能力、沟通能力和表达能力。

3. 落实立德树人根本任务，培养德智体美劳全面发展的社会主义建设者和接班人。

导入语

　　超微茶粉于 20 世纪 90 年代初由我国研制成功。目前，超微茶粉已广泛应用于食品、饮料、日用化工等行业。作为食品的风味添加剂，不仅可以赋予食品天然的绿色色泽、营养及保健功能，还能有效防止食品氧化变质，延长食品的保质期。本项目将从概念、加工工艺、品质特征等方面详细介绍超微茶粉，并帮助大家科学、高效地制作超微茶粉。

　　任务开始前，大家可以以小组为单位通过网络资源调查了解，学习有关超微茶粉的基础知识，并进行讨论与归纳，为后续的实操做好铺垫。

基础知识

一、超微茶粉的概念

超微茶粉是指由茶树鲜叶通过一定的特殊加工工艺加工而成的可以直接食用的超细颗粒茶粉。

视频：认识超微
茶粉

二、超微茶粉的特点

1. 高度精细

超微茶粉是由茶叶经过特殊的加工工艺制成的细粉末状产品。茶叶经过细磨、筛分等处理，使茶叶颗粒变得非常细小，通常为 20～200 μm。这种高度精细的特点使超微茶粉能够更好地溶解和释放茶叶的营养成分。

2. 方便冲泡

由于超微茶粉的颗粒非常细小，冲泡时更容易溶解和释放茶叶的味道与香气。只需要将适量的超微茶粉加入热水中，搅拌均匀即可，无须冲泡时间过长。这种方便的冲泡方式使超微茶粉成为一种便捷的茶饮品。

3. 营养丰富

超微茶粉制作时，茶叶在细磨过程保留了茶叶的大部分功能性成分，如茶多酚、氨基酸、维生素和矿物质等。相比传统的茶叶冲泡方式，超微茶粉更容易释放有效成分，使人体更容易对其吸收和利用。

4. 应用多样

超微茶粉不仅可以用来冲泡饮用，还可以用于制作茶饮、烘焙食品、调制面膜等。它的用途非常广泛，可以根据个人喜好和需求进行创造性的应用。

三、超微茶粉的分类

超微茶粉通常可以根据不同的分类标准进行分类。以下是几种常见的超微茶粉分类方式。

1. 按原料分类

超微茶粉可以根据其原料来源进行分类，如超微绿茶粉、超微红茶粉、超微乌龙茶粉等。

2. 按加工方式分类

超微茶粉可以根据其加工方式进行分类，如机械超微茶粉、石磨超微茶粉、手工超微茶粉等。

3.按产地分类

超微茶粉可以根据其产地进行分类，如中国超微茶粉、日本超微茶粉、韩国超微茶粉等。

4.按品种分类

超微茶粉可以根据茶叶的品种进行分类，如龙井超微茶粉、碧螺春超微茶粉、普洱超微茶粉等。

另外，也可以根据不同的需求和目的进行更加详细和细致的分类。超微茶粉的分类方式可能因不同地区、文化和市场而有所差异。

四、制成超微茶粉对茶叶理化性质的影响

1.溶解速度增加

由于超微茶粉的粒径较小，茶叶的表面积增大，与热水接触的面积也增大。这使超微茶粉更容易溶解于水，加快了茶叶的溶解过程。相比传统茶叶，超微茶粉能更快地释放茶叶的成分和香气。

2.营养成分释放增强

超微茶粉在制作过程中的粉碎操作可以使茶叶细胞壁破裂，茶叶中的功能性成分更容易释放出来。茶多酚、咖啡碱、氨基酸等成分可以更充分地溶解于水中，提高了茶叶的有效成分释放率。

3.香气和口感增强

超微茶粉的细腻粉末质地使得茶叶的香气和口感能够更好地释放。热水能够更充分地与茶粉接触，使茶叶的香气更浓郁，口感更柔和。另外，茶叶中的苦涩成分也会因为茶粉细腻而相对减少，使茶的口感更加顺滑。

4.茶液浓度增加

由于超微茶粉的细腻质地，茶粉在水中更容易悬浮和扩散。因此茶液的浓度相对较高，使茶液的颜色更深、口感更浓厚。

超微茶粉的制作过程可能会使茶叶的一部分细胞结构和营养成分发生变化。因此，超微茶粉与传统茶叶在理化性质上可能会有一些差异。另外，茶叶的品种、产地和加工工艺等因素也会对超微茶粉的理化性质产生影响。

任务一　加工超微茶粉

🔍 **任务描述** ●

通过本任务的学习，学生能够熟练掌握超微茶粉的加工工艺和方法，熟悉制作超微绿茶粉和超微红茶粉的基本流程，利用现代化机械成功制作超微茶粉。

视频：加工超微茶粉

1. 对超微绿茶粉和超微红茶粉的加工工艺有详细的了解，并熟知使用各个机械的标准参数。

2. 掌握制作超微茶粉的原料选择、加工工艺及成品的品质特征。

一、加工超微绿茶粉

（一）超微绿茶粉的原料

超微绿茶粉的品质特征取决于鲜叶原料的嫩度和均匀度。中国农业科学院茶叶研究所研究人员提出，加工超微绿茶粉的原料鲜叶叶绿素含量应在 0.6% 以上。同时，夏季茶鲜叶的叶绿素含量低、苦涩味重，不宜加工超微绿茶粉。

（二）超微绿茶粉的加工工序

超微绿茶粉的加工工序如图 1-1 所示。

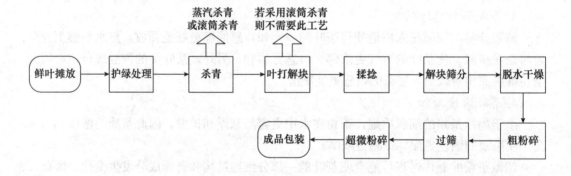

图 1-1　超微绿茶粉的加工工序

1. 鲜叶摊放

鲜叶摊放同一般绿茶加工摊放工艺。

2. 护绿处理

护绿处理工序是在鲜叶摊放过程中进行的。当摊放到杀青前 2 h，将护绿剂按一定浓度配比对茶鲜叶进行护绿技术处理，使其发生作用产生护绿效果。

3. 杀青

杀青可分为滚筒杀青、蒸汽杀青。滚筒杀青类似于普通绿茶的杀青；蒸汽杀青可采用 800KE-MM3 蒸汽杀青机，蒸汽杀青的水压为 0.1 MPa；蒸汽量为 180 ～ 210 kg/h；

输送速度为 150～180 m/min；筒体放置倾斜度为 4°～7°；筒体回转数为 29～33 r/min。在整个杀青过程中要注意蒸汽温度需保持一致，不可忽高忽低。

杀青程度的判断方法：感官法——叶色由鲜绿变为暗绿，叶面失去光泽，叶质柔软，折梗不断，手捏成团，松手不易散开，略带有黏性，青臭气散失，清香显露。也可采取减重率或含水量判断法、酶活性评判法。

4. 叶打解块

将蒸汽杀青后的杀青叶直接放进叶打机解块，其间采用强风进行降温。

5. 揉捻

用 55 型揉捻机进行揉捻，单桶单机投入量以 30 kg 较为适合。压力和时间，嫩叶一般为 15 min 左右，轻压 4 min，重压 7 min，再轻压 4 min 后下机；老叶揉捻 20 min 左右，其中轻压 5 min，重压 10 min，再轻压 5 min 下机；揉捻至叶子稍卷，茶汁外渗，手捏黏手而不成团为宜。

6. 解块筛分

将揉捻或揉切成团的茶叶通过机械（解块筛分机）或人工使茶叶解散团块。

7. 脱水干燥

初脱水干燥一般采用微波脱水干燥法，微波磁控管加热频率为 1 240 MHz，微波功率为 5.1 kW，发射功率为 100% 全功率，输送带宽度为 320 mm，微波时间为 3.0～3.5 min。经过初脱水干燥，叶子含水量为 30%～35%。此环节后，将茶叶在常温条件下摊晾回潮，摊叶厚度为 5 cm，摊晾时间为 20 min。

精脱水干燥仍采用微波干燥法，微波磁控管加热频率为 950 MHz，微波功率为 5.1 kW，发射功率为 83% 全功率，输送带宽度为 320 mm，微波时间为 1.8～2.0 min。以干茶含水量低于 5% 为标准。此环节后，将茶叶在常温条件下摊晾回潮，摊叶厚度为 5 cm，摊晾时间为 20 min。

8. 超微粉碎

设备选用直棒锤击原理的粉碎设备。一般原料越老，粉碎时间越长。中国农业科学院茶叶研究所研究人员指出，采用直棒锤击原理的超微粉碎设备，粉碎时间约为 30 min，投叶量为 15 kg。

9. 成品包装

及时包装加工好的超微绿茶粉，置于相对湿度为 50% 以下、温度为 0～5 ℃的冷库内储存。

（三）超微绿茶粉的品质特征

超微绿茶粉的品质特征如图 1-2 所示。

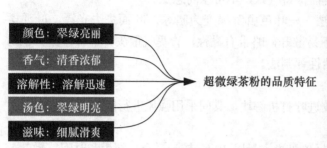

图 1-2　超微绿茶粉图示

彩图 1-2

二、加工超微红茶粉

（一）超微红茶粉的原料

超微红茶粉的原料可采用春、夏、秋季的茶鲜叶，其中夏、秋季鲜叶原料最好。

（二）超微红茶粉的加工工序

超微红茶粉的加工工序如图 1-3 所示。

图 1-3　超微红茶粉的加工工序

1. 萎凋

利用自然萎凋、萎凋槽萎凋和日光萎凋三种方法，至叶片失去光泽，叶色暗绿，叶质柔软，手捏成团，嫩茎梗折而不断，无焦边、变红等现象，含水量至 58% ～ 64%，鲜叶失重率为 30% ～ 40%。

2. 揉捻

室温控制在 20 ～ 24 ℃，相对湿度在 85% ～ 90% 条件下，用 55 型揉捻机进行揉捻，单桶单机投入量以 35 kg 较为适合。分次揉捻 70 min，一级以上原料揉 3 次，每次分别揉 20 min、30 min、20 min；二级以下原料揉 2 次，每次 35 min，前 35 min 不加压。揉捻至叶子卷曲，茶汁充分揉出而不流失，叶子局部泛红。

3. 解块筛分

每次揉捻后都要解块筛分，再单独发酵。

4. 发酵

发酵温度在 25 ～ 28 ℃，相对湿度在 95% 以上，摊放厚度为嫩叶 6 ～ 8 cm，中档叶 8 ～ 10 cm，发酵时间均为 2.5 ～ 3.0 h；老叶为 10 ～ 12 cm，发酵时间以 3.0 ～ 3.5 h 为宜。发酵至叶片呈红色，并具浓郁的苹果香。

5. 脱水干燥

初脱水干燥温度为 100 ～ 110 ℃，时间为 15 ～ 17 min，初脱水后叶子含水量 18% ～ 25%，精脱水干燥温度为 90 ～ 100 ℃，时间为 15 ～ 18 min，精脱水后叶片含水量在 5% 以下。

6. 超微粉碎和成品包装

超微粉碎和成品包装同绿茶。

（三）超微红茶粉的品质特征

超微红茶粉的品质特征如图 1-4 所示。

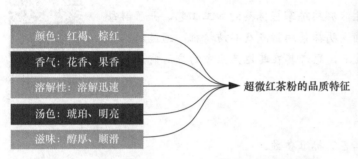

图 1-4　超微红茶粉

彩图 1-4

任务评价

内容	具体要求	评分（10分）
超微茶粉的原料选择（2分）	能掌握超微绿茶粉和超微红茶粉在原料选择上的不同	
超微茶粉的加工工艺（5分）	能熟悉超微茶粉加工的具体参数并按照步骤完成制作；熟知超微绿茶粉和超微红茶粉在加工工艺中的不同	
超微茶粉的品质特征（3分）	清楚超微绿茶粉和超微红茶粉的品质特征	
本任务中的难点		
本任务中的不足		

● **巩固训练**

1. 通过本任务的学习，请简要说明超微绿茶粉和超微红茶粉制作工艺的不同之处。
2. 根据本任务所学的操作流程，以小组为单位制作超微绿茶粉。
3. 根据本任务所学的操作流程，以小组为单位制作超微红茶粉。

任务二 加工抹茶

🏆 任务描述 ●

通过本任务的学习，学生能够熟练掌握抹茶的加工工艺，并了解每一工艺的目的所在；能够准确说明抹茶的特点及品质特征；通过对抹茶在产业中的应用，做到举一反三，思考其在其他产业中的应用前景。

视频：加工抹茶

🏆 任务重点 ●

1. 掌握抹茶的具体加工工艺及标准参数。
2. 分析归纳抹茶的特点及其独特的品质特征。
3. 根据市场上抹茶的广泛用途，思考抹茶在各个行业中的应用。

🏆 任务实施 ●

一、抹茶的概念

抹茶是以特殊覆盖栽培的优质茶叶为原料制成的蒸青碾茶，经石磨研磨得到粒度为 680 ～ 6 800 目的超微细绿茶粉。

二、抹茶的加工工序

1. 鲜叶储存
鲜叶如不能及时进行加工，则要进入鲜叶储存设备中保鲜。鲜叶储存设备可分为自动式和移动式两种，防止鲜叶的发热红变，避免污染，确保鲜叶清洁卫生。

2. 鲜叶处理
采用切割机对鲜叶原料进行切割。同时，需要采用鲜叶筛分机专门去除单片茶叶，避免单叶在蒸青机上产生焦香而影响茶叶品质。

3. 蒸汽杀青

为保证抹茶的鲜绿色泽及独特的品质特征，在蒸青过程中投叶量较多，轻度揉压，蒸汽量大，蒸青时间短。

4. 散茶冷却

蒸汽杀青后迅速用冷风吹起 4～5 次，吹至 6 m 高左右，用以散开、冷却、除去表面水分。

5. 初步干燥

一般采用砖块砌成的烘房完成初步干燥，茶叶经过干燥装备中的网状不锈钢传送带，经 20 min 左右干燥，含水量降至 5%～8%。

6. 叶梗分离

通过叶梗分离机，利用螺旋刀在旋转时将叶片从叶梗上剥离，再通过输送带进入高精度风选机完成叶梗分离。

7. 最终干燥

叶梗分离后，叶片和叶梗要进入不同的干燥机进行干燥，叶片采用 60 ℃的热风干燥 10 min 即为粗制碾茶，最后再经过风选机除去黄叶片，再经切断机切成 0.3～0.5 cm 的碎片。茶叶最终含水量为 5%～8%。

8. 碾茶研磨

碾茶研磨可采用石磨茶磨或球磨机进行研磨，研磨出直径为 2～20 μm（680～6 800 目）的抹茶颗粒。切好的茶叶在 19 ℃的恒温下，使用研磨式超微粉碎机，以 120 r/min 的速度进行研磨。进料后，碾碎的细微粉粒在抽风机内经过叶轮加速增压，并在分离器内沿桶壁不断做旋转运动，逐步减速。稍粗的粉粒经重力作用落入一级回收袋内，最细的粉粒上浮，最终落入二级回收袋。一级回收袋内的粉末要经二次研磨；二级回收袋内的粉末即为抹茶。

三、抹茶的特点

抹茶的特点如图 1-5 所示。

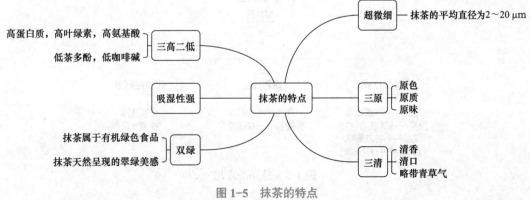

图 1-5　抹茶的特点

四、抹茶的感官指标

抹茶的感官指标见表 1-1。抹茶粉如图 1-6 所示。

表 1-1　抹茶的感官指标

指标	内容
外观	翠绿，颗粒细匀分散，无结块，无杂质，无霉变
汤色	深绿，鲜活锃亮
香味	清香，带海苔味
滋味	鲜爽，浓厚

彩图 1-6

图 1-6　抹茶粉

五、抹茶的应用

抹茶的应用如图 1-7 ～图 1-10 所示。

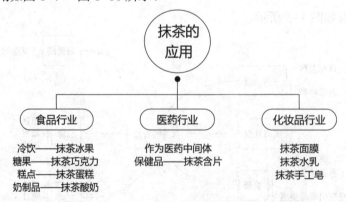

图 1-7　抹茶的应用

图1-8　抹茶巧克力

图1-9　抹茶手工皂

图1-10　抹茶冰激凌

任务评价

内容	具体要求	评分（10分）
抹茶的概念（1分）	能掌握抹茶的基础概念，并区别抹茶与超微绿茶粉	
抹茶的加工工艺（3分）	能熟悉抹茶加工工艺的具体参数并按照步骤完成制作	
抹茶的特点（1分）	清楚抹茶的特点	
抹茶的感官指标（2分）	了解抹茶的品质特征，对比自己制作的抹茶有哪些不足	
抹茶的应用（3分）	了解抹茶在不同行业的应用，并思考抹茶未来的应用前景	
本任务中的难点		
本任务中的不足		

巩固训练

1. 掌握抹茶的加工工序。
2. 学生自己动手制作出符合标准的抹茶。
3. 您认为抹茶还能应用到哪些行业中？
4. 如何提高抹茶的品质？
5. 简述超微绿茶粉与抹茶的异同。

◆拓展阅读◆

　　晋朝年间，人们就发明了蒸青散茶（碾茶），还审定了评茶色香味的方法，并成为人们不可或缺的日常饮料。《茶经》记载："……始其蒸也，入乎箪，既其熟也，出乎箪。釜涓注于甑中，又以谷木枝三亚者制之，散所蒸牙笋并叶，畏流其膏。"到了宋朝更发展为茶宴，当时最为有名的评茶专家、大文豪蔡襄在《茶录》中评述抹茶的饮茶方法：把团茶击成小块，再碾成细末，筛出茶末，取两钱末放入烫好的茶盏，注入沸水，泛起汤花，品尝色、香、味，佳者为上。这样的饮茶方式流传至日本，并得到了全面发展形成日本抹茶。我国自明代以来，饮茶方式发生了改变，撮泡法取代了茶末点茶。作为年青的一代，更应该坚定历史自信，增强历史主动，谱写新时代中国特色社会主义更加绚丽的华章。

🏆 思维导图●

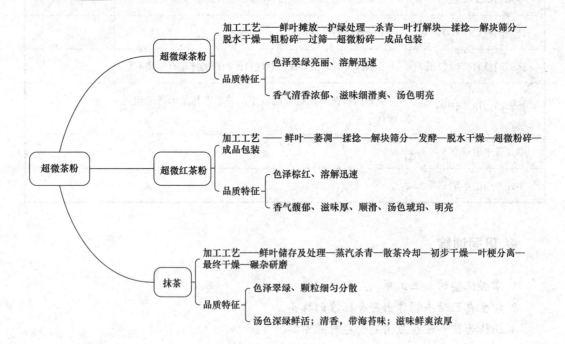

🏆 知识测评●

一、选择题

1. 下列描述中，（　　）不属于制作超微茶粉对茶叶理化性质的影响。

A. 溶解速度增加　　　　　　　　B. 营养成分释放增强

C. 香气和口感增强　　　　　　　D. 茶液浓度减少

2. 下列步骤中，（　　）不属于超微绿茶粉的加工工艺。

　　A. 护绿处理　　　　B. 发酵　　　　　C. 超微粉碎　　　　D. 脱水干燥

3. 超微绿茶粉的品质特征有（　　）。

　　A. 色泽翠绿亮丽　　B. 香气馥郁　　　C. 醇和甘浓　　　　D. 汤色深红

4. （　　）是超微红茶粉独有的加工工艺。

　　A. 萎凋　　　　　　B. 干燥　　　　　C. 揉捻　　　　　　D. 超微粉碎

5. （　　）不属于抹茶的特点。

　　A. 低氨基酸　　　　B. 强吸湿性　　　C. 带海苔味　　　　D. 高叶绿素

二、实训题

1. 在超微绿茶粉的制作中，区别于超微红茶粉的加工工艺有哪些？完成超微绿茶粉与超微红茶粉的制作。

2. 抹茶加工过程中有哪些需要重点注意的方面？完成直径在 $2 \sim 20 \, \mu m$（$680 \sim 6\,800$ 目）的抹茶颗粒的制作。

项目二 袋泡茶——便捷优雅的茶叶享受

学习目标 ●

【知识目标】

1. 熟悉袋泡茶的概念、特点及分类。

2. 熟练制作并创新各种类型的袋泡茶。

3. 熟练掌握制作各类袋泡茶的配方及操作要点。

【技能目标】

1. 能够掌握各类袋泡茶的所用原料及操作步骤。

2. 在熟练制作多种袋泡茶的基础上，能够自主创新更多袋泡茶产品。

【素质目标】

1. 通过对袋泡茶的学习进一步培养学生的动手实践能力及创新精神。

2. 通过加工、审评袋泡茶使学生养成吃苦耐劳、精益求精的严谨科学精神。

导入语

　　袋泡茶的历史可以追溯到 20 世纪初。1920—1930 年，美国的托马斯·萨利奇发明了一种将茶叶包装在纸袋中的方法。这种袋泡茶的概念最初是为了方便茶叶销售和消费，以替代传统的茶叶沏泡过程。然而，袋泡茶的商业化发展要归功于 20 世纪 50 年代的英国人纳特·巴格沃斯，他设计并推出了一种纸质茶袋，被称为"巴格沃斯袋泡茶"。

　　袋泡茶的出现为茶叶消费带来了方便、快捷和多样化的选择，成为现代茶饮文化中不可或缺的一部分。党的二十大报告提出，"繁荣发展文化事业和文化产业，坚持以人民为中心的创作导向，推出更多增强人民精神力量的优秀作品""健全现代公共文化服务体系，实施重大文化产业项目带动战略"。中华优秀传统文化得到创造性转化、创新性发展，文化事业日益繁荣。

　　本项目将从概念、分类、特点、加工、审评等方面详细介绍袋泡茶，并帮助大家科学、高效地制作袋泡茶。

　　任务开始前，大家可以以小组为单位通过网络资源调查了解，学习有关袋泡茶的基础知识，并进行讨论与归纳，为后续的实操做好铺垫。

基础知识

一、袋泡茶的概念

（1）狭义的袋泡茶——以茶树的芽、叶、嫩茎制成的茶叶为原料，通过加工形成一定的规格，用过滤材料包装而成的产品。

（2）广义的袋泡茶——以茶树的芽、叶、嫩茎制成的茶叶或以可食用植物的叶、花、果实、根茎等单独或混合为原料，通过加工形成一定规格，用过滤材料包装而成的产品。

视频：认识袋泡茶

二、袋泡茶的特点

1. 冲泡简单，方便快捷

袋泡茶省去了传统冲泡的复杂流程，随时随地都方便冲泡，同时，便于携带且内含成分浸出速度快。

2. 营养成分浸出率高

茶叶通过粉碎装袋后冲泡，营养物质与功能成分更易浸出。

3. 清洁卫生，便于调饮

茶汤清澈明净无沉淀，且滋味浓郁更适于调饮。茶渣可随袋丢弃，无室内外污染。

4. 用量规范，便于市场推广

袋泡茶的用茶量统一标准，有精确的计量，产品包装也适合规模化生产及运输。

三、袋泡茶的分类

袋泡茶的分类如图 2-1 所示。

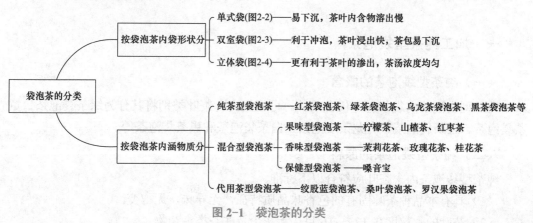

图 2-1 袋泡茶的分类

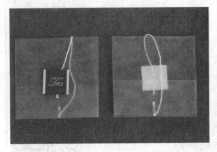
图 2-2 单式袋

图 2-3 双室袋

图 2-4 立体袋

任务一 加工袋泡茶

任务描述

通过本任务的学习，学生在理解纯茶型袋泡茶概念的基础上，有效掌握纯茶型袋泡茶和其他袋泡茶所采用的原料及制作流程，便于学生自主研发更多类型的袋泡茶产品。

视频：加工袋泡茶

任务重点

1. 熟悉纯茶型袋泡茶和其他各类袋泡茶所采用的原料。

2. 熟练掌握袋泡茶的操作流程及要点，激发学生的创作思维，指导学生动手制作各种类型的袋泡茶。

任务实施

一、加工纯茶型袋泡茶

（一）纯茶型袋泡茶的概念

纯茶型袋泡茶内袋茶包中仅含茶叶。可根据内含茶叶类别将其分为绿茶袋泡茶、黄茶袋泡茶、红茶袋泡茶、乌龙茶袋泡茶、白茶袋泡茶和黑茶袋泡茶等。

（二）纯茶型袋泡茶的原料

纯茶型袋泡茶内含茶叶应符合以下标准。

（1）具有本品种茶叶固有的色香味品质特征，无异味，无霉变。

（2）茶叶的颗粒度在 12～16 目，无灰尘及非茶类夹杂物。

（3）不应着色，无任何添加剂。

（4）卫生指标符合《食品安全国家标准 食品中污染物限量》（GB 2762—2022）的规定和《食品安全国家标准 食品中农药最大残留限量》（GB 2763—2021）的规定。

（三）纯茶型袋泡茶的加工工序

纯茶型袋泡茶的加工工序如图 2-5 所示。

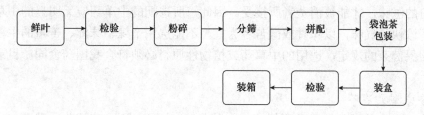

图 2-5 纯茶型袋泡茶的加工工序

1. 分筛与风选

若采用条形茶作为袋泡茶原料，则需要对茶叶进行粉碎筛分。其中，粉碎采用齿切机将茶叶切碎，再使用平面圆筛机筛分，选 12 ～ 60 目的茶叶，最后用风选机进行风选，去除茶灰与非茶杂质。

2. 拼配

根据袋泡茶的品质指标，选取不同茶原料，拼配出符合产品标准的袋泡茶。

3. 袋泡茶包装

一般来说，袋泡茶每袋质量约为 2 g。将袋泡茶包装机的盛茶容量斗调整至 2 g，误差不超过 0.05 g，即可采用袋泡茶自动包装机包装。

4. 装盒

装盒作业有人工装盒和机械自动装盒。可直接采用机械设备完成自动装盒和热塑封作业。国内大多袋泡茶包装机需要人工辅助装盒，将 20 袋、25 袋或 100 袋装盒，最后手工辅助热塑封外包装。

5. 检验

对袋泡茶的包装质量（净重、标准、吊线、袋泡茶纸封口、外包装质量及感官品质）检验，合格即可入库。

6. 装箱

袋泡茶的装箱要求可能因不同的市场和国家的法规、标准和行业规范而有所不同，应参考当地的相关法规和行业标准，以确保符合要求并保护茶叶的质量。

二、加工其他袋泡茶

（一）其他袋泡茶的概念

其他袋泡茶内袋茶包中不仅含有茶叶，还含有可食用植物的叶、花、果实、根茎等

单独或混合原料，如保健型袋泡茶、香味型袋泡茶、果味型袋泡茶等。

（二）其他袋泡茶的原料

1. 保健型袋泡茶

保健型袋泡茶是由茶叶与一种或几种中草药或植物性原料合理搭配，科学加工而成的，可强化某些特定的功能而起到一定的保健作用，但保健型袋泡茶仍需具有纯正的香气和适口的滋味，才能被消费者所接受。因此，所选配的中草药应无明显的中草药气味或令人不愉快的气味，以味甘或微苦者为宜，不能选用辛辣、味涩、苦重的中草药。另外，按照保健茶的规定，选用的中草药或植物性原料必须符合我国药食同源目录的有关规定。

2. 香味型袋泡茶

香味型袋泡茶不仅可以选用鲜花，如茉莉花（图 2-6）、珠兰花、玳玳花、桂花、白兰花、柚子花、玫瑰花、栀子花等，还可选用薄荷、香檬、陈皮、柠檬（图 2-7）、香兰素等天然香料，以及苹果香精、桃子香精、菠萝香精和茉莉精油等。

3. 果味型袋泡茶

果味型袋泡茶是由茶与各类营养干果或果汁或果味香料混合加工而成的。科学、合理地选取干果与茶叶搭配，既能生津止渴，又具有较高的营养价值和保健功能。可供选用的干果有山楂、罗汉果（图 2-8）、红枣、莲心、莲子、无花果、乌梅、酸梅、橄榄、龙眼肉等。

 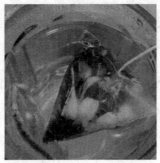 

图 2-6　茉莉花茶袋泡茶　　　　图 2-7　柠檬茶袋泡茶　　　　图 2-8　罗汉果袋泡茶

值得注意的是，在加工其他袋泡茶时所选用的中草药、干果和香料等植物都应满足以下规格要求。

（1）具有该类产品本身的色、香、味等品质特征，无霉变，无劣变。

（2）颗粒度在 12～60 目，无灰尘及其他夹杂物。

（3）含水量小于 7%。

（4）卫生指标符合《食品安全国家标准 食品中污染物限量》（GB 2762—2022）的规定等。

此外，所选用的原料要有成熟的炮制、干制方法或其组分有成熟的提取方法，便于加工成不同剂型。

（三）其他袋泡茶的加工工序

其他袋泡茶的加工工序如图 2-9 所示。

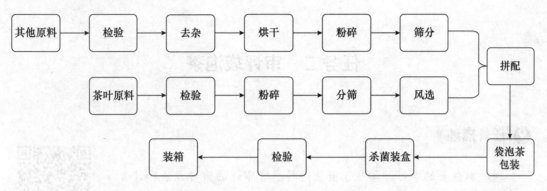

图 2-9 其他袋泡茶的加工工序

（1）分筛与风选。如果选用原料是叶片类，可采取与茶叶处理类似方法制备成 12 ～ 60 目的原料颗粒作为袋泡茶原料；如果是果、根茎类原料，要根据加工产品的形式将原料切片、粉碎或提取汁液后备用。

（2）拼配。根据所要生产袋泡茶的品质指标，选取不同的原料，拼配出符合产品标准的袋泡茶原料。

（3）袋泡茶包装、装盒与检验与纯茶型袋泡茶加工类似。

📍 任务评价 ●

内容	具体要求	评分（10分）
袋泡茶的原料选择（3分）	能根据要求正确选择纯茶型袋泡茶和其他类型袋泡茶的原料	
袋泡茶的加工工艺（7分）	能熟悉袋泡茶的加工工艺及要点，并按照加工流程完成制作；熟知纯茶型袋泡茶和其他袋泡茶在加工工艺中的不同	
本任务中的难点		
本任务中的不足		

● 巩固训练

1. 简述纯茶型袋泡茶在原料选择方面的要求。

2. 掌握制作纯茶型袋泡茶所需原料和加工工序。

3.通过本任务所学的操作流程，以小组为单位制作纯茶型绿茶、红茶袋泡茶和茉莉花茶、柠檬红茶袋泡茶。

任务二　审评袋泡茶

📍 任务描述 ●

通过本任务的学习，学生了解袋泡茶感官审评的审评方法和计分方式；掌握袋泡茶感官审评的流程及准则，便于学生审评各种类型的袋泡茶产品。

视频：审评袋泡茶

📍 任务重点 ●

1.了解袋泡茶感官审评的审评方法及计分方式。
2.熟悉审评袋泡茶的流程及准则，并能够审评各类袋泡茶。

📍 任务实施 ●

一、感官审评方法及计分方式

袋泡茶茶袋原料颗粒小，原料所含水溶性成分在水中的溶解速度和扩散速度相对较快，因此，其冲泡方法应与常规审评方法不同。对袋泡红/绿茶的色、香、味品质形成最为有利的冲泡条件可依据表 2-1 判断。

表 2-1　冲泡条件

冲泡水温 /°C	100
冲泡时间 /min	5
茶水比	1：50 ～ 1：75
茶袋上下提次数 / 次	3

然后，由茶叶感官审评专家按照百分制分别给袋泡茶的外形、汤色、香气、滋味和冲泡后的内袋打分，再分别乘以各自的品质权数（外形与质量：0.15，香气：0.25，汤色：0.20，滋味：0.30，冲泡后的内袋：0.10），最后相加得出品质总分。根据分数的高低判定其质量的优劣。

二、袋泡茶审评

1. 称量

袋泡茶是按量包装，对质量误差有严格的要求。袋泡茶品质的评判应鉴定袋泡茶的质量。随机抽取送检茶包 10 包，用感量为 0.1 g 的天平称量，正负误差要求小于 5%。

2. 评外形

袋泡茶外形评包装。袋泡茶的冲饮方法是带内袋冲泡，因此审评时不必开袋倒出茶叶看外形，而是要审评其包装材料、包装方法、图案设计及包装防潮性能等是否符合要求。

3. 评内质

袋泡茶的开汤审评为带内袋冲泡。审评次序先看汤色，再嗅香气，然后尝滋味，最后审评冲泡后的内袋完整性。

（1）汤色。汤色的审评主要从茶汤的类型（或色度）和明浊度两个方面加以评判（表 2-2）。同一类产品，袋泡茶内袋所装内容物粉碎的相细与筛分程度直接关系到茶汤的透明度。做工粗糙、规格不清、粗细混杂的内容物冲泡后的茶汤浑浊不清；质量低劣的原料其透明度也较差。混合型袋泡茶原料中如果有深色添加物，则在评比时要区别对待。

表 2-2　茶汤的审评

茶汤的类型	茶汤的色度与品质有较强的相关性，受潮、陈化变质产品在汤色的色泽上反映较为明显
茶汤的明浊度	明亮鲜活为好
	陈暗少光泽为次
	浑浊不清的为差

（2）香气。香气主要评其香气的纯异、类型、高低、持久性，混合型袋泡茶一般应具有原茶的良好香气；添加的其他成分其香气要协调适宜，能正常被人接受为佳。如果是香味型袋泡茶，应评其香型的高低、浓淡、协调性与持久性。添加有特色气味的中草药要区别对待。

（3）滋味。袋泡茶的滋味应从浓、淡、厚、爽、涩等方面去评判，根据口感的好坏判断质量的高低。

（4）冲泡后的内袋。评冲泡后的内袋主要是检查茶袋经冲泡后有无裂痕，袋形变化是否明显，茶渣能否被封于袋内而不漏出；如有提线，检查提线是否脱落等。

三、袋泡茶的质量标准

根据袋泡茶质量评定结果，可将其划分为优质产品、中档产品、低档产品和不合格

产品，具体见表 2–3。

表 2–3 袋泡茶的质量标准

质量标准划分等级	标准内容
优质产品	包装上的图案、文字清晰，符合要求。内外袋包装齐全，外袋包装纸质量上乘，防潮性能好。内袋纤维特种滤纸网眼分布均匀，大小一致。滤纸袋封口完整，用纯棉本白线做提线，线端有品牌标签，提线两端定位牢固，提袋时不脱落。袋内的茶叶粉碎大小适中，无茶末黏附滤纸袋表面。香气良好、无杂异味，汤色明亮无沉淀，冲泡后滤袋胀而不破裂
中档产品	允许不带外袋或无提线上的品牌标签，或外袋纸质较轻，封边不很牢固，有脱线现象。汤色尚明亮，不浑浊，香气尚高，滋味尚醇厚。冲泡后滤纸袋无裂痕
低档产品	包装用料中缺项明显，外袋纸质轻，印刷质量差。香气平和，汤色深暗，滋味平淡或带涩味，冲泡后会有少量茶渣漏出
不合格产品	包装不合格，或汤色浑浊、香味不正常、有异味，或冲泡后散袋

任务评价

内容	具体要求	评分（10分）
袋泡茶的感官审评方法及计分方式（3分）	能熟悉袋泡茶的感官审评方法，掌握其计算方式	
袋泡茶的审评（5分）	能熟练掌握袋泡茶的审评流程及要领	
袋泡茶的质量标准（2分）	根据袋泡茶质量评定结果，能准确划分袋泡茶等级	
本任务中的难点		
本任务中的不足		

● 巩固训练

1.思考袋泡茶容易出现哪些质量问题？

2.科学审评三款其他类袋泡茶，依据标准写出评语并打分。

◆拓展阅读◆

袋泡茶在 20 世纪后半叶逐渐普及，并成为茶叶消费的一种方便选择。它的便利性和快捷性符合现代生活方式的需求，并受到消费者的喜爱。随着时间的推移，袋泡茶的技术不断改进和创新。从最早的传统茶包到现代的三角袋、立体袋等不同形式的茶包，包装材料和技术的进步提高了茶叶的保存性能和茶水的提取效果。党的二十大报告提出："实践没有止境，理论创新也没有止境。"

袋泡茶的普及也对茶文化产生了一定影响。它使茶叶更易于享用，使更多的人接触茶的美味并享受其中。袋泡茶也成为人们在工作场所、旅行和户外活动中饮用茶的便捷选择。

● 思维导图 ●

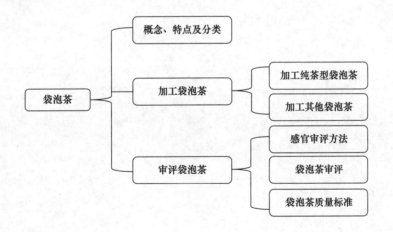

一、选择题

1.袋泡茶的分类中，（　　）不属于按内袋形状分类。

　　A.单式袋　　　　　　B.双室袋　　　　　　C.立体袋　　　　　　D.红茶袋

2.在袋泡茶的分类中，（　　）不属于纯茶型袋泡茶。

　　A.绿茶袋泡茶　　　　B.茉莉花袋泡茶　　　C.白茶袋泡茶　　　　D.红茶袋泡茶

3.袋泡茶的特点主要有（　　）。

　　A.简单方便　　　　　B.浸出率高　　　　　C.用量规范　　　　　D.便于调饮

4.审评袋泡茶的水温，一般为（　　）℃。

　　A.100　　　　　　　B.90　　　　　　　　C.80　　　　　　　　D.70

5.审评袋泡茶内质的基本流程有（　　）。

　　A.看汤色　　　　　　B.闻香气　　　　　　C.品滋味　　　　　　D.查内袋

二、实训题

1.根据纯茶型袋泡茶原料选择的要求，按照纯茶型袋泡茶的加工工序制作绿茶袋泡茶和红茶袋泡茶。

2.按照感官审评方法及计分方式，完成绿茶袋泡茶和红茶袋泡茶的审评。

项目三　速溶茶——瞬间释放的茶香魅力

学习目标

【知识目标】

1. 熟悉速溶茶的基本概念、特点及分类。

2. 熟练制作多种速溶茶的加工流程及操作要点。

3. 熟练掌握制作茶膏的加工流程及操作要点。

【技能目标】

1. 能够掌握各类速溶茶及茶膏的操作步骤及要点。

2. 在熟练制作多种速溶茶的基础上，能够自主创新更多速溶茶产品。

【素质目标】

1. 通过发散思维，学生思考速溶茶的发展趋势，培养学生的责任感和使命感。

2. 通过速溶茶的加工工艺，培养学生积极探索、勇于创新的科学精神。

导入语

速溶茶是一种能迅速溶解于水的固体饮料茶。以成品茶、半成品茶、茶叶副产品或鲜叶为原料，通过提取、过滤、浓缩、干燥等工艺过程，加工成为一种易溶入水而无茶渣的颗粒状、粉状或小片状的新型饮料。成品速溶茶既可直接饮用，又可与果汁、糖等辅料调配饮用，从而能满足不同消费者的需要；在生产中容易实现机械化、自动化和连续化生产；体积较小，包装牢固，分量轻，运费少，饮用方便，既可冷饮又可热饮，又无去渣烦恼，符合现代生活快节奏的需要。

本项目将从概念、分类特点、加工工艺、品质特征等方面详细介绍速溶茶，并帮助大家科学、高效地制作速溶茶。

任务开始前，大家可以以小组为单位通过网络资源调查了解，学习有关速溶茶的基础知识，并进行讨论与归纳，为后续的实操做好铺垫。

基础知识

一、速溶茶的概念

速溶茶又名萃取茶，是以成品茶、半成品茶、茶副产品或茶鲜叶为原料，提取其水溶性组分精制而成的一种没有茶渣，不需开水、用冷水或冰水就可冲泡的茶制品。速溶茶既有茶的风味和功效，又便于和其他食品调配。

视频：认识速溶茶

二、速溶茶的特点

速溶茶的特点如图 3-1 所示。

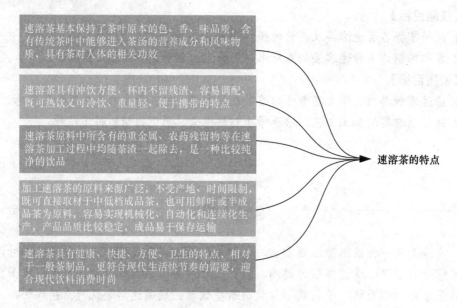

速溶茶基本保持了茶叶原本的色、香、味品质，含有传统茶叶中能够进入茶汤的营养成分和风味物质，具有茶对人体的相关功效

速溶茶具有冲饮方便、杯内不留残渣、容易调配、既可热饮又可冷饮、重量轻、便于携带的特点

速溶茶原料中所含有的重金属、农药残留物等在速溶茶加工过程中均随茶渣一起除去，是一种比较纯净的饮品

加工速溶茶的原料来源广泛，不受产地、时间限制，既可直接取材于中低档成品茶，也可用鲜叶或半成品茶为原料，容易实现机械化、自动化和连续化生产，产品品质比较稳定，成品易于保存运输

速溶茶具有健康、快捷、方便、卫生的特点，相对于一般茶制品，更符合现代生活快节奏的需要，迎合现代饮料消费时尚

速溶茶的特点

图 3-1　速溶茶的特点

三、速溶茶的分类

速溶茶的分类如图 3-2 所示。

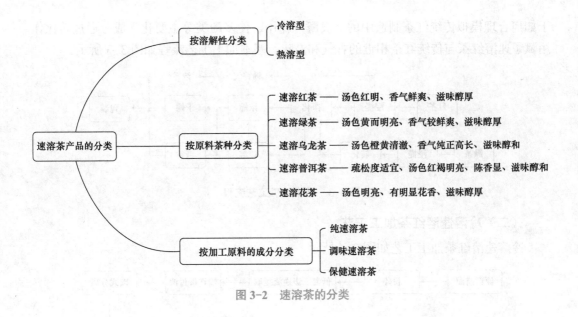

图 3-2 速溶茶的分类

任务一 加工纯速溶茶（以速溶红茶为例）

任务描述

通过本任务的学习，学生在熟悉纯速溶茶加工工艺的基础上，以速溶红茶为例，掌握纯速溶茶的加工流程及操作要点，便于学生自主研发更多纯速溶茶产品。

视频：加工纯速溶茶

任务重点

1. 熟悉纯速溶茶的加工工艺。
2. 熟练掌握纯速溶茶的操作要点，动手制作各类纯速溶茶。

任务实施

一、加工纯速溶茶

（一）基本加工工艺流程

与全发酵的红茶相比，以绿茶或鲜叶等未发酵茶为原料加工速溶红茶的不同之处在

于如何合理模拟传统红茶制造中的"发酵"作用，使多酚类等主要化学成分通过转化作用赋予速溶红茶与传统红茶相近的香气和滋味。基本加工工艺流程如图 3-3 所示。

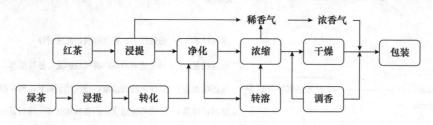

图 3-3　基本加工工艺流程

（二）冷溶速溶红茶加工工艺

冷溶速溶红茶加工工艺如图 3-4 所示。

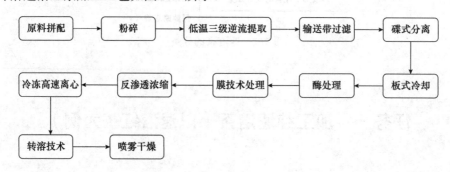

图 3-4　冷溶速溶红茶加工工艺

（三）加工工艺要点

1. 原料拼配、处理

以云南滇红为原料，经适当拼配后粉碎，取 20 ～ 40 目茶粉备用。

2. 提取

提取采用低温逆流提取技术提取。低温逆流提取技术能提高茶叶有效成分的提取率，且缩短香气物质经受高温的时间，提高茶汤的品质。最佳提取工艺参数：提取温度为 45 ～ 55 ℃、时间为 25 ～ 30 min、茶水比为 1∶20，提取 2 次。茶提取液汤色红亮、澄清度较好、滋味浓强、清甜香、滇红特征明显。

3. 过滤、冷却

茶浸提液调 pH 值为 5.0 左右，经碟式分离过滤，冷却至 15 ℃以下备用。

4. 酶处理

采用醇组合（60 U/g 果胶酶 +10 万 U/g 木瓜蛋白酶 + 50 U/g 单宁酶 + 200 U/g 纤维素酶）在 pH 值为 5.0、温度为 40 ℃条件下处理茶提取液 1 h，以避免出现浑浊沉淀现象。经酶组合处理后的茶汁膜超法通量比未经过酶处理的茶汁要提高 25%，可以明显提高产品的回收率及产品得率，提高反渗透的浓缩效率，且减少对膜的污染。

5. 膜技术处理

酶处理后的茶汁先采用孔径为 0.5 μm 的陶瓷膜过滤，再采用反渗透膜浓缩，可较好地保留茶汤中原有的风味物质。

6. 冷冻离心

冷冻静置后通过高速离心，使产品稳定，久置不浑浊。冷冻静置的温度为 10 ℃，时间为 1 h，离心转速为 5 000 r/min。高速离心工艺流程短、成本低、有效成分损失少，成品色泽红艳，澄清透亮。

7. 转溶

利用食用级氢氧化钠为转溶试剂，调 pH 值为 10.0 进行转溶，品质理想。

8. 喷雾干燥

用喷雾干燥能较好地保持茶浓缩的风味，产品形态为颗粒状，故溶解性（冷溶）较好。

（四）冷溶速溶红茶粉的品质特征

冷溶速溶红茶粉的品质特征如图 3-5 所示。冷溶速溶红茶粉及其茶汤如图 3-6、图 3-7 所示。

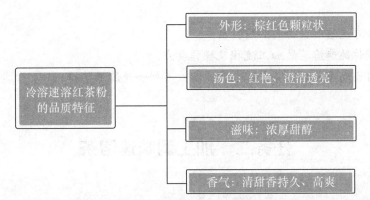

图 3-5　冷溶速溶红茶粉的品质特征

彩图 3-6 和
彩图 3-7

图 3-6　冷溶速溶红茶粉　　　　图 3-7　冷溶速溶红茶粉茶汤

内容	具体要求	评分（10分）
冷溶速溶红茶加工工艺（5分）	能掌握冷溶速溶红茶的基本工艺流程	
加工流程中操作要点（3分）	能熟悉冷溶速溶红茶加工的具体参数并按照步骤完成制作	
冷溶速溶红茶的品质特征（2分）	清楚冷溶速溶红茶的品质特征，可与自己制作出的成品进行比较，总结不足	
本任务中的难点		
本任务中的不足		

● 巩固训练

1. 简述冷溶速溶红茶粉的品质特征。
2. 掌握制作纯速溶茶的加工流程及操作要点。
3. 学生自己动手制作出符合标准的速溶红茶粉和速溶绿茶粉。

任务二　加工调味速溶茶

● 任务描述 ●

　　通过本任务的学习，学生在了解调味速溶茶加工工艺的基础上，以调味速溶红茶为例，有效掌握液体、固体调味速溶茶的加工流程及方法，并举例几款调味速溶茶的配方，便于学生自主研发更多调味速溶茶产品。

视频：加工调味
速溶茶

● 任务重点 ●

　　1. 熟悉调味速溶茶的加工工艺。
　　2. 熟悉制作液体、固体速溶茶的工艺流程及操作要点，并能够动手制作各类调味速溶茶。

任务实施

一、加工液体调味速溶茶（以调味速溶红茶为例）

液体调味速溶茶的加工工艺流程如图 3-8 所示。

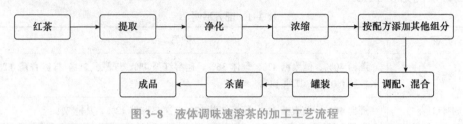

图 3-8 液体调味速溶茶的加工工艺流程

二、加工固体调味速溶茶

依据加工工艺的不同，可将固体调味速溶茶加工分为简易法、直接法和拼配法。

1. 简易法

按照一定配方比例，取用浓缩的抽提液与甜味剂、酸味剂、香精及其他添加剂经搅拌均匀压成颗粒烘干。简易法加工固体调味速溶茶的工艺流程如图 3-9 所示。

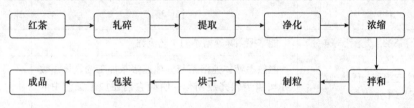

图 3-9 简易法加工固体调味速溶茶的工艺流程

2. 直接法

在速溶茶生产过程中，浓缩后喷雾干燥前，依比例加入其他配料，搅拌均匀后喷雾干燥而成。直接法加工固体调味速溶茶的工艺流程如图 3-10 所示。

图 3-10 直接法加工固体调味速溶茶的工艺流程

3. 拼配法

直接取速溶茶粉与其他配料按配方要求复配，经磨细与充分拌和后包装而成。拼配法加工固体调味速溶茶的工艺流程如图 3-11 所示。

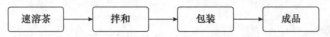

图 3-11 拼配法加工固体调味速溶茶的工艺流程

三、配方举例

配方举例见表 3-1。

表 3-1 配方举例

产品	配方
柠檬红茶	蔗糖 40%、健康糖 4%、载体 36%、速溶红茶 4%、柠檬酸 2%、柠檬香精 0.2%、卡拉胶 0.01%、其他 14%
咖啡红茶	蔗糖 40%、健康糖 3%、速溶红茶 12%、速溶咖啡 12%、其他 3%
奶茶	蔗糖 80%、速溶红茶 5.6%、奶粉 14%、乙基麦芽酸 0.02%、卡拉胶 0.02%
香芋绿茶	蔗糖 40%、健康糖 4%、速溶绿茶 4%、香芋香精 0.1%、柠檬酸 0.2%～1%、卡拉胶 0.01%、其他 50%

任务评价

内容	具体要求	评分（10 分）
调味速溶茶的工艺流程（4 分）	能掌握调味速溶茶的工艺流程	
加工液体速溶茶与固体速溶茶的工艺流程（4 分）	能熟悉液体速溶茶与固体速溶茶加工的具体参数并按照步骤完成制作；明确它们在加工工艺中的不同	
调味速溶茶的配方（2 分）	能根据调味速溶茶的配方制作出不同的调味速溶茶	
本任务中的难点		
本任务中的不足		

巩固训练

1. 熟练掌握制作液体、固体速溶茶的加工流程及方法。

2. 学生自己动手制作出符合标准的液体、固体速溶茶。

3. 自主创新出各类调味速溶茶。

任务三　加工保健速溶茶

任务描述

通过本任务的学习，学生在了解保健速溶茶加工工艺的基础上，以陈皮普洱速溶茶为例，有效掌握其加工流程及工艺要点，并列举陈皮普洱速溶茶的保健功效，便于学生进一步理解保健速溶茶的意义。

视频：加工保健
速溶茶

任务重点

1. 熟悉保健速溶茶的加工工艺。

2. 熟悉制作陈皮普洱速溶茶的工艺流程及操作要点，并能够动手制作各类保健速溶茶。

任务实施

一、加工陈皮普洱速溶茶

1. 原料

陈皮、云南熟普洱、麦芽糊精。

2. 加工流程

加工流程如图3-12所示。

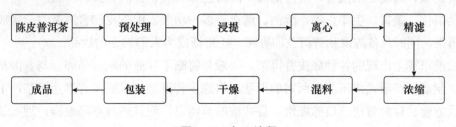

图3-12　加工流程

3. 加工工艺要点

（1）原料预处理。将陈皮、普洱茶进行适当粉碎后，按质量分计称取陈皮10～20份和普洱茶80～90份混合均匀。

（2）提取。采用高效高压差提取技术，可实现于 20 ℃以下的低温条件下的全成分提取，有效防止热提取时高温引起的化学成分的变化和风味成分的损失。在陈皮、普洱茶粉碎状混合物中加入 30 ～ 35 倍混合物质量的水，于 20 ～ 40 MPa 压力条件下提取。

（3）净化。提取液粗滤后采用碟式离心机在转速为 5 000 ～ 6 000 r/min 条件下离心，再于 0.1 ～ 0.2 MPa 压力条件下经孔径为 3.0 ～ 10.0 μm 微孔滤膜过滤，除掉陈皮和普洱茶原料中的不溶物，保证最终制得的茶粉的溶解性强、冲调性好。

（4）浓缩。滤液采用反渗透（RO）膜进行反渗透浓缩，处理温度为 20 ～ 30 ℃。

（5）添加辅料。按照麦芽糊精与浓缩液中可溶性固形物含量的质量比 1∶1 ～ 1∶1.5 的比例向浓缩液中添加麦芽糊精。麦芽糊精具有不易吸潮、稳定性好、不易变质、无异味、易消化等特点，作为辅料添加到陈皮普洱茶提取液中，起到保持原产品的特色和风味，降低成本，使口感醇厚、细腻、速溶效果好等作用。

（6）干燥。采用喷雾干燥法干燥。进风温度为 160 ～ 180 ℃，出风温度为 120 ～ 150 ℃，进风压为 0.2 ～ 0.3 MPa。

（7）包装、贮藏。将制得的陈皮普洱速溶茶粉采用食品级聚乙烯铝箔复合膜包装，于常温、无阳光直射处贮藏。

党的二十大报告提出要"建设现代化的产业体系"。茶产业涵盖了第一、第二、第三产业，要积极推动茶产业向机械化、标准化、自动化、数字化、智能化方向发展，建立一个完整的、科技含量高的现代化茶产业体系。只有不断地推进科技化与标准化生产，速溶茶产品才能实现新飞跃。

二、陈皮普洱速溶茶的保健功效

陈皮为芸香科植物橘及其栽培变种的干燥成熟果皮，是药食同源的珍贵食品，具有化痰止咳、疏通心脑血管、健脾消滞、降血压等功效。普洱茶具有降血脂、减肥、抑菌、助消化、暖胃、生津止渴、醒酒、解毒等多种功效。由陈皮和普洱茶混合制成的陈皮普洱茶，同时具备陈皮和普洱茶的香味，正逐渐成为人们喜爱的饮品。

目前市场上出现的各种陈皮普洱茶，一般是将晒干存放的陈皮粉碎后与普洱茶散茶混合，制成散茶形式或压制成所需的形状。将陈皮普洱加工成陈皮普洱速溶茶，不仅具有冲饮方便、存放方便、口感顺滑、香味浓厚等特点，而且还具有降血脂、理气健脾等保健功效。

🔖 任务评价 ●

内容	具体要求	评分（10分）
保健速溶茶的加工工艺（4分）	能掌握保健速溶茶的加工工艺	
陈皮普洱速溶茶的加工（4分）	能熟悉陈皮普洱速溶茶加工的技术要点并按照步骤完成制作	
陈皮普洱速溶茶的保健功效（2分）	能了解陈皮普洱速溶茶对人体的保健功效及营养价值	
本任务中的难点		
本任务中的不足		

● 巩固训练

1. 熟练掌握制作保健速溶茶的加工流程及操作要点。
2. 学生自己动手制作出符合标准的陈皮普洱速溶茶。
3. 自主学习八宝速溶茶的加工工艺，并动手制作。

任务四　加工茶膏

🔖 任务描述 ●

通过本任务的学习，学生在了解茶膏加工工艺的基础上，有效掌握茶膏的加工流程及制备工艺，便于学生自主制作出符合标准的茶膏。

🔖 任务重点 ●

1. 熟悉茶膏的加工工艺。
2. 熟悉制作茶膏的工艺流程及方式，并能够动手制作出符合标准的茶膏。

任务实施

茶膏始载于唐朝陆羽的《茶经》，自古以来被当作贡品，具有很高的品饮价值和保健价值。清朝药学家赵学敏在《本草纲目拾遗》指出："普洱茶青黑如漆。醒酒第一，绿色者更加。消食化痰，清胃生津，功力尤大也。"其还认为"普洱茶膏能治百病，如肚胀，受寒，用姜汤发散，出汗即可愈。口破喉颡，受热疼痛，用五分茶膏嗑口，过夜即愈"。

普洱茶膏及其茶汤如图 3-13、图 3-14 所示。

图 3-13　普洱茶膏　　　　　　　　　　图 3-14　普洱茶膏茶汤

现代研究证明，茶膏具有降血脂、降血压、降血糖，抗疲劳、抗衰老、改善血液循环和预防动脉粥状硬化及心脑血管类疾病等多种功效。

一、茶膏基本加工工艺流程

茶膏基本加工工艺流程如图 3-15 所示。

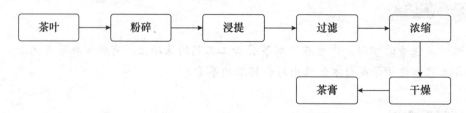

图 3-15　茶膏基本加工工艺流程

二、茶膏的制备工艺

茶膏的制备工艺见表 3-2。

表 3-2　茶膏的制备工艺

加工方法	重点工艺	特点
宫廷压榨茶膏制备工艺	轻蒸、解块、淋洗—发酵—小榨去水、大榨出膏—沉淀—收青、压模	工艺严谨苛刻，工序繁杂，费时费力，产量极低，成本奇高。茶青汤色通透、红艳、明亮；新制作出来的茶膏"味薄"，但经过一段时间陈化后，其香气会越来越浓，且越陈越香。保质期可达 60 年以上
大锅熬制茶膏制备工艺	煎熬—压榨—大锅煎熬、小锅铲剔—收膏	工艺简单，成本低廉，对场地要求不高，适合个人和小作坊制作；茶膏汤色暗淡、浑浊，水汽味重，茶味淡，有肉眼可见的杂质。保质期一般为 1～2 年
高温萃取干燥工艺制备茶膏	采用蒸发浓缩方式浓缩茶汁，再经喷雾干燥制备而成	茶膏汤色也较暗淡、浑浊，有水汽味，茶味淡。保质期一般为 1～2 年
低温萃取干燥工艺制备茶膏	茶叶—粉碎—低温萃取—过滤—超滤浓缩—冷冻干燥—茶膏	茶膏汤色红润、明亮，口感润滑、厚重、醇正，无杂气，有淡淡的陈香；随着后续陈化，汤色愈加明亮，口感会更加醇正，陈香味更足

任务评价

内容	具体要求	评分（10 分）
茶膏的概念（2 分）	能掌握茶膏的基本理论知识	
茶膏基本加工工艺流程（4 分）	能熟悉茶膏加工的流程并按照步骤完成制作	
茶膏的制备工艺（4 分）	能了解茶膏四种不同的制备工艺流程及品质特征	
本任务中的难点		
本任务中的不足		

巩固训练

1. 熟练掌握制作茶膏的加工流程及多种制备工艺。

2. 学生自己动手制作出符合标准的茶膏。

◆**拓展阅读**◆

最早有准确记载茶膏的年代是唐朝。唐代的制茶工艺主要以蒸青饼为主，所谓的蒸青饼就是经过"采茶、蒸茶、捣茶、拍茶、焙茶、存茶"来制作茶饼。在空气氧化的作用下经过反复蒸、捣、拍渗出的茶汁形成了膏化现象。

"茶膏"一词真正出现是在陆羽之后一百多年后的五代十国时期。闽康宗通文二年（937年）闽国曾将建州茶膏进贡齐国，关于这一事件清朝文人吴任臣经过详查史料后在其所著《十国春秋》中有详细记载，即"贡建州茶膏，制以异味，胶以金缕，名曰耐重儿，凡八枚"。

思维导图

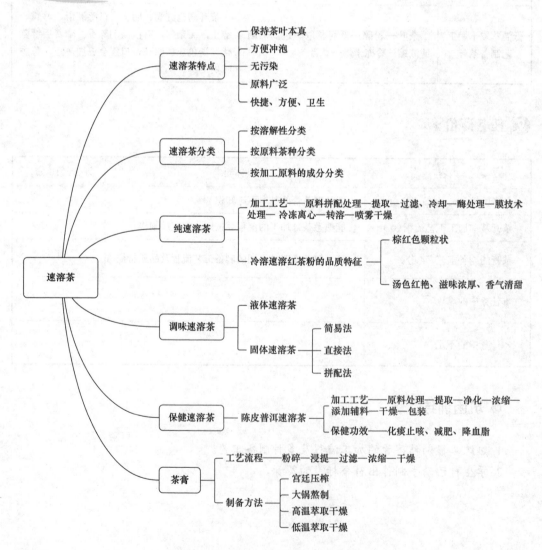

知识测评 ●

一、选择题

1. 下列不属于速溶茶优点的是（　　　）。

　　A. 快捷、方便冲泡　　　　　　　　　　B. 产品纯净

　　C. 品质特征较茶叶更好　　　　　　　　D. 原料多

2. 对冷溶速溶红茶粉的品质特征描述不正确的是（　　　）。

　　A. 棕红颗粒　　　　B. 滋味淡薄　　　　C. 香甜持久　　　　D. 汤色红艳

3. 下列不属于固体速溶茶加工方法的是（　　　）。

　　A. 直接法　　　　　B. 简易法　　　　　C. 提取法　　　　　D. 拼配法

4. 陈皮普洱速溶茶的保健功效有（　　　）。

　　A. 降三高　　　　　B. 治疗癌症　　　　C. 治愈疾病　　　　D. 清热解毒

5. 下列属于低温萃取干燥工艺制备的茶膏的品质特征为（　　　）。

　　A. 工艺简单、成本低廉　　　　　　　　B. 有水汽味

　　C. 汤色红润、明亮　　　　　　　　　　D. 成本巨高

二、实训题

1. 在实操过程中请列举一个您创新的调味速溶茶配方。

2. 速溶茶加工过程中有哪些需要重点注意的方面？完成不同类型的速溶茶粉制作。

项目四 茶饮料——悠然畅快的茶味时刻

学习目标

【知识目标】

1. 了解茶饮料的概念。

2. 明确茶饮料的分类。

3. 熟悉常见的茶饮料。

4. 掌握各类茶饮料的有效配方。

【技能目标】

1. 能掌握各类茶饮料的操作流程。

2. 在熟练制作多种茶饮料的基础上,自主创新茶饮料产品。

【素质目标】

1. 通过茶饮料的学习与实践,培养学生的动手能力。

2. 通过掌握茶饮料的制作过程,激发学生团队合作能力。

3. 通过掌握茶饮料的创新研发,培养学生精益求精的工匠精神及创新精神。

导入语

　　茶饮料的历史可以追溯到古代。在公元前 2000 年至公元前 200 年之间,茶的饮用方式逐渐多样化,人们开始将茶与其他草药、水果和香料混合,不仅能增加茶的口感,而且还能为人们带来不同的健康益处。将茶与水果、花草、蜂蜜、果汁、咖啡等不同成分结合,能创造出更多种类的茶饮料,满足不同消费者的口味需求。

　　本项目将从概念、分类、操作流程等方面详细介绍茶饮料,并帮助大家掌握科学、高效地制作茶饮料的方法。

　　任务开始前,大家可以以小组为单位通过网络资源调查了解,学习有关茶饮料的基础知识,并进行讨论与归纳,为后续的实操做好铺垫。

基础知识

一、茶饮料的概念

茶饮料是指用水浸泡茶叶，经抽提、过滤、澄清等工艺制成的茶汤或在茶汤中加入水、糖液、酸味剂、食用香精、果汁或植（谷）物抽提液等调制加工而成的制品。具有茶叶的独特风味，含有天然茶多酚、咖啡碱等茶叶有效成分，兼有营养、保健功效，是清凉解渴的多功能饮料。

视频：认识茶饮料

二、茶饮料分类

根据国家标准《茶饮料》（GB/T 21733—2008）的规定，茶饮料按产品风味可分为茶饮料（茶汤）、调味茶饮料、复（混）合茶饮料、茶浓缩液四类。

（1）茶饮料（茶汤）：是以茶叶的水提取液或其浓缩液、茶粉等为原料，经加工制成的，保持原茶汁应有风味的液体饮料，可添加少量的食糖和（或）甜味剂。产品中茶多酚含量不小于 300 mg/kg，咖啡因含量不小于 40 mg/kg。茶饮料（茶汤）可分为红茶饮料、绿茶饮料、乌龙茶饮料、花茶饮料及其他茶饮料（图 4-1）。

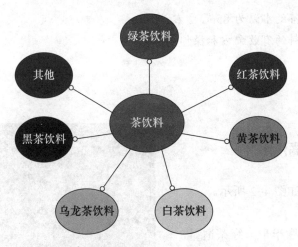

图 4-1　茶饮料（茶汤）的分类

（2）调味茶饮料：是以茶叶的水提取液或其浓缩液、茶粉等为原料，加入果汁（或食用果味香精）或乳（或乳制品）或二氧化碳、食糖和（或）甜味剂、食用酸味剂、香精等调制而成的液体饮料。调味茶饮料可分为果汁茶饮料、果味茶饮料、奶茶饮料、奶味茶饮料、碳酸茶饮料及其他调味茶饮料。

（3）复（混）合茶饮料：是以茶叶和植（谷）物的水提取液或其浓缩液、干燥粉

为原料，加工制成的，具有茶与植（谷）物混合风味的液体饮料。产品中茶多酚含量不小于 150 mg/kg，咖啡因含量不小于 325 mg/kg。

（4）茶浓缩液：采用物理方法从茶叶水提取液中除去一定比例的水分经加工制成，加水复原后具有原茶汁应有风味的液态制品。产品按标签标注的稀释倍数稀释后，其中的茶多酚和咖啡因含量应符合同类产品的规定。

任务一　开发绿茶饮料

📍 任务描述 ●

通过本任务的学习，学生能熟练掌握绿茶饮料的加工工艺和方法，制作以绿茶为基底的饮料时，绿茶茶汤应较浓些。原因是茶汤中要添加配料，要保证茶的味道不能被配料的香气盖过，这样才能在茶饮的整体味道中凸显出绿茶的味道。

视频：开发不发酵
茶饮料

📍 任务重点 ●

1. 掌握浸泡绿茶的水温为 85 ℃左右。
2. 熟悉绿茶饮料的有效配方和操作流程。

彩图 4-2~彩图 4-7

📍 任务实施 ●

一、绿茶柠檬汽水

绿茶柠檬汽水如图 4-2 所示。

1. 原料选择

青橘 1 个，柠檬半个，绿茶适量，蜂蜜适量，冰块适量，热水适量。

2. 绿茶柠檬汽水加工流程

（1）先用茶壶泡上一壶绿茶，再用网筛过滤掉茶叶。

（2）将青橘对半切开，一半用来装饰，一半用来挤汁，青橘连汁带皮倒

图 4-2　绿茶柠檬汽水

入杯子中。

（3）将柠檬切片，取 2 ～ 3 片柠檬放入杯子中，加入冰块。

（4）倒入绿茶，加上 1 片柠檬做装饰即可饮用。

二、薄荷柠檬冰爽茶

薄荷柠檬冰爽茶如图 4-3 所示。

图 4-3　薄荷柠檬冰爽茶

1. 原料选择

新鲜薄荷叶 2 ～ 3 片，柠檬 2 ～ 3 片，绿茶适量，蜂蜜适量，冰块适量，热水适量。

2. 薄荷柠檬冰爽茶加工流程

（1）绿茶用开水冲泡好，放凉至大约 40 ℃。

（2）滤出绿茶，倒入准备好的杯子中。

（3）柠檬切片，取两片挤出柠檬汁到杯中，再另取一片放入杯中。

（4）调入一勺蜂蜜，搅拌均匀。

（5）摘几片新鲜薄荷叶，洗净后放入杯中。

（6）投入冰块，在杯子边装饰上一片柠檬，搅拌均匀即可饮用。

三、绿茶山楂茶饮

绿茶山楂茶如图 4-4 所示。

图4-4　绿茶山楂茶

1. 原料选择

山楂干一小把，绿茶适量，冰糖适量，热水适量。

2. 绿茶山楂茶加工流程

（1）将山楂干洗净，控净水分备用，锅里放水，放入山楂干，水开后煮10 min左右。

（2）放入准备好的绿茶，煮1～2 min关火。

（3）放入冰糖，完全融化以后放凉。

（4）将做好的茶放到冰箱的冷藏室里冰镇后即可饮用。

四、西柚龙井蜜茶

西柚龙井蜜茶如图4-5所示。

图4-5　西柚龙井蜜茶

1. 原料选择

西柚 120 g，蜂蜜 30 mL，龙井茶 5 g，热水适量。

2. 西柚龙井蜜茶加工流程

（1）取半个西柚的果肉，将 2/3 的果肉加少量矿泉水打成西柚汁，另外的 1/3 果肉作为点缀用。

（2）将龙井茶冲泡好后放入冰箱冷藏备用，取 400 mL 冰镇好的龙井茶，加入 30 mL 蜂蜜。

（3）加入 30 mL 西柚汁调匀，再加入适量的西柚果肉，即可饮用。

五、百香果绿茶

百香果绿茶如图 4-6 所示。

图 4-6　百香果绿茶

1. 原料选择

百香果 4 个，龙井茶适量，蜂蜜适量，热水适量。

2. 百香果绿茶加工流程

（1）取适量龙井茶叶冲泡备用。

（2）百香果洗净，切开取出果肉。

（3）将百香果果肉放入搅拌杯，搅打成百香果泥。

（4）将搅打好的百香果泥倒入沏好的绿茶中，搅拌均匀。

（5）放入适量蜂蜜搅拌均匀。

（6）将成品放入冰箱冷藏后饮用。

六、奶盖绿茶

奶盖绿茶如图 4-7 所示。

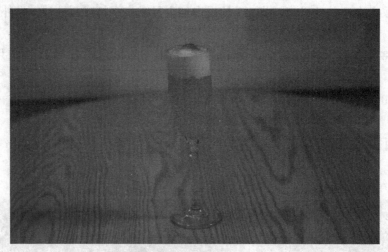

图 4-7　奶盖绿茶

1. 原料选择

动物性淡奶油 90 g，糖粉 1 小勺，盐适量，绿茶茶包 2 袋，方糖 3 颗，抹茶粉（装饰用）适量，热水适量。

2. 奶盖绿茶加工流程

（1）用开水冲泡 2 袋绿茶茶包，加入方糖，盖上杯盖让茶包浸泡一会儿。

（2）浸泡完把绿茶完全晾凉，喜欢冰冻的可加入适量冰块。

（3）打蛋盆中加入 100 mL 奶油，加入糖粉、盐，用打蛋器低速打发至 5～6 成。

（4）把打好的奶油加入装有绿茶的杯子中，并撒上少许抹茶粉做装饰，即可饮用。

任务评价

内容	具体要求	评分（10 分）
绿茶饮料的概念（2 分）	能掌握绿茶饮料的基本概念	
绿茶饮料制作流程（5 分）	能把握绿茶冲泡时间、材料的选择及熟练掌握绿茶饮料操作流程	
绿茶饮料的品质特征（3 分）	清楚不同绿茶饮料的品质特征	
本任务中的难点		
本任务中的不足		

● 巩固训练

1. 熟悉绿茶饮料的有效配方和操作流程。
2. 掌握绿茶饮料的配比，调制出不同的饮品。
3. 调研市面上的绿茶饮料，并举例介绍。

任务二 开发黄茶饮料

任务描述 ●

通过本任务的学习，学生能熟练掌握黄茶饮料的加工工艺和方法，在雨天或凉飕飕的天气里，享用一杯温暖的热茶，会令人感觉到融融的暖意。品尝柚子黄茶，需要先将沉淀在杯底的柚子清搅拌均匀，这样才能让柚子的香气充分释放。

任务重点 ●

1. 掌握浸泡黄茶的水温为 90 ℃。
2. 熟悉黄茶饮料的有效配方和制作流程。

任务实施 ●

一、柚子黄茶

柚子黄茶如图 4-8 所示。

图 4-8 柚子黄茶

1.原料选择

黄茶 3～5 g，沸水 400 mL，柚子清 50 mL，蜂蜜 20 mL。

2.柚子黄茶的加工流程

（1）将适量沸水注入茶壶和玻璃杯中，进行预热，再倒出沸水。

（2）将黄茶放入预热好的茶壶中，注入热水，浸泡 3 min。

（3）将泡好的黄茶用茶滤滤入茶杯中，放置一边备用。

（4）将柚子清倒入预热好的玻璃杯中。

（5）玻璃杯中再倒入 100 mL 泡好的黄茶，与柚子清混合均匀。

（6）将剩余泡好的黄茶倒入玻璃杯中，随后即可饮用。

二、冰菊黄茶

冰菊黄茶如图 4-9 所示。

图 4-9　冰菊黄茶

这款茶饮主要采用的是平阳黄汤和黄菊。平阳黄汤具有鲜嫩的玉米香气，口味浓醇、鲜爽、回甘；黄菊不仅可以清热解毒、缓解咽喉肿痛及口腔溃疡等症状，还可以促进皮肤细胞再生，美容养颜。此饮品将鲜嫩的香气和清热的功能有效协同，秋意浓烈。

1.原料选择

平阳黄汤 10 g，绿茶提取液 2.5 mL，冰块 15 粒，蜂蜜 10 mL，柠檬片 1 片，茗酿茶酒 35 mL，雪碧 60 mL，薄荷叶 1 片，黄菊（浸泡过）1 朵。

2.冰菊黄茶的加工流程

（1）在公道杯中加入 5 g 平阳黄汤，将 35 mL 茗酿茶酒倒入雪克杯中（茶叶需完全浸润），裹上保鲜膜，浸泡 4 h，以保持酒香不散。

（2）在盖碗中加入 1 朵黄菊和 5 g 平阳黄汤，沸水冲泡，2 min 后沥出茶汤待用。

（3）将盛有茶汤的公道杯放入盛有冰块的冰块碗内，快速冷却茶汤。

（4）依次在雪克杯中加入冷却后的茶汤 80 mL、冰块 15 粒、柠檬 1 片、绿茶提取液 2.5 mL、浸泡后的茗酿茶酒 10 mL、蜂蜜 10 mL。

（5）在红酒杯中加入适量冰块，待杯子冷却后倒出冰块。

（6）单手握紧雪克杯，利用腕力呈 S 形上下摇晃，至冰块完全融化。

（7）在红酒杯中加入雪碧 60 mL，再将调好的茶汤均匀地倒入红酒杯中，每杯中加入浸泡过的 1 朵黄菊和 1 片薄荷叶即可饮用。

任务评价

内容	具体要求	评分（10分）
黄茶饮料的概念（2分）	能掌握黄茶饮料的基本概念	
黄茶饮料操作流程（5分）	能把握黄茶冲泡时间、材料的选择及熟练掌握黄茶饮料操作流程	
黄茶饮料品质特征（3分）	清楚不同黄茶饮料的品质特征	
本任务中的难点		
本任务中的不足		

● 巩固训练

1. 熟悉黄茶饮料的有效配方和操作流程。

2. 掌握黄茶饮料的配比，调制出不同茶饮品。

3. 为什么市面上选用黄茶做饮料的较少？

任务三　开发白茶饮料

任务描述

通过本任务的学习，学生能熟练掌握白茶饮料的加工工艺和方法。选用一款蜜韵悠远的白牡丹，茶汤较清润甜稠，搭配柚子的清香与微酸，滋润爽口，生津润喉。年份较

短的白牡丹润喉去火的效果比较好，正适合干燥的秋季饮用，西柚中含有丰富的维生素C，可以增强抵抗力，美化皮肤。

任务重点 •

1. 掌握浸泡白茶的水温为 90 ℃左右。
2. 熟悉白茶饮料的有效配方和操作流程。

任务实施 •

柚香蜜韵白牡丹如图 4-10 所示。

图 4-10　柚香蜜韵白牡丹

1. 原料选择

白牡丹散茶 4 g、西柚 1 颗、薄荷 2 株、蜂蜜适量。

2. 柚香蜜韵白牡丹加工流程

（1）用盐把柚子皮搓洗干净，去除内壁白色部分，保留外皮，切细丝备用。留小部分果肉去核备用。

（2）盖碗温润后，取少许柚子皮放入其中，随后投茶。

（3）90 ℃热水冲泡茶汤，约 40 s 出汤入公道杯备用。

（4）另取一只喜欢的杯子，将柚子薄片贴杯壁放置，投入少许果肉轻捣出汁，放入柚子皮。

（5）将冲泡好的茶汤沿杯壁缓缓注入，放几片白牡丹叶底和少许薄荷装饰即可。

任务评价

内容	具体要求	评分（10分）
白茶饮料的概念（2分）	能掌握白茶饮料的基本概念	
白茶饮料操作流程（5分）	能把握白茶冲泡时间、材料的选择及熟练掌握白茶饮料的操作流程	
白茶饮料品质特征（3分）	清楚不同白茶饮料的品质特征	
本任务中的难点		
本任务中的不足		

● 巩固训练

1. 熟悉白茶饮料的有效配方和操作流程。
2. 掌握白茶饮料的配比，调制出不同茶饮品。
3. 为什么白茶饮料成为近几年的流行茶饮品？

任务四　开发乌龙茶饮料

任务描述

通过本任务的学习，学生能熟练掌握乌龙茶饮料的加工工艺和方法。初春时节，天气乍暖还寒，热乎乎的饮料始终能带给人们带来一丝慰藉。甜梨乌龙茶就是一款非常适合秋冬的饮料。

视频：开发半发酵
茶饮料

任务重点

1. 掌握浸泡乌龙茶的水温为 100 ℃。
2. 熟悉乌龙茶饮料的有效配方和操作流程。

任务实施

甜梨乌龙茶如图 4-11 所示。

1. 原料选择

雪梨 1 个，乌龙茶包 1 袋，白凉粉 8 g，沸水 400 mL，蜂蜜 30 mL，零卡糖 5 g，迷迭香适量。

2. 甜梨乌龙茶的加工流程

（1）将雪梨去皮去核之后，切块榨汁，再把榨好的梨汁过滤。

（2）用 150 mL 热水将乌龙茶包泡出茶汤。

（3）将雪梨汁、白凉粉和零卡糖一起煮至沸腾，然后倒入碗中冷却，待变成雪梨冻后切块。

（4）在杯中放入雪梨冻，倒入泡好的乌龙茶，放入雪梨片和迷迭香装饰。

图 4-11　甜梨乌龙茶

任务评价

内容	具体要求	评分（10分）
乌龙茶饮料的概念（2 分）	能掌握乌龙茶饮料的基本概念	
乌龙茶饮料制作流程（5 分）	能把握乌龙茶冲泡时间、材料的选择及熟练掌握乌龙茶饮料的操作流程	
乌龙茶饮料的品质特征（3 分）	清楚不同乌龙茶饮料的品质特征	
本任务中的难点		
本任务中的不足		

● 巩固训练

1. 熟悉乌龙茶饮料的有效配方和操作流程。

2. 掌握乌龙茶饮料的配比，调制出不同饮品。

3. 调研市场上乌龙茶饮料主要有哪些？

任务五 开发红茶饮料

任务描述 •

通过本任务的学习，学生能熟练掌握红茶饮料的加工工艺和方法，用来制作红茶饮料的红茶茶汤必须浓些，浸泡时间在 5 min 左右为最佳。茶叶量可以根据茶客的喜好增减，但尽量控制在 2 g 左右。因为如果茶叶过多，红茶中的单宁酸也会变多，若茶汤温度下降，单宁酸凝固，红茶会出现白色浑浊现象（类似于呈奶油状），使涩味增加。

视频：开发全发酵茶饮料

任务重点 •

1. 掌握浸泡红茶的水温为 100 ℃。
2. 熟悉红茶饮料的有效配方和制作流程。

任务实施 •

一、蜜桃红茶

蜜桃红茶如图 4-12 所示。

图 4-12 蜜桃红茶

1. 原料选择

蜜桃味红茶包 1 个，沸水 150 mL，苹果汁 15 mL，原味糖浆 30 mL，柠檬片 2 片，薄荷叶少许。

2. 蜜桃红茶的加工流程

冰蜜桃红茶：

（1）将蜜桃味红茶包放入茶壶中，注入沸水，浸泡 5 min。

（2）将泡好的蜜桃味红茶倒入茶杯中，冷却至常温。

（3）取一个玻璃杯，倒入原味糖浆和苹果汁，搅拌均匀。

（4）玻璃杯中加满冰块，再倒入冷却好的蜜桃红茶。

（5）放入柠檬片和薄荷做装饰。

热蜜桃红茶：

（1）将适量沸水注入茶壶和茶杯中，进行预热，再倒出沸水。

（2）将蜜桃味红茶包放入茶壶中，注入 150 mL 沸水，浸泡 5 min。

（3）另取一个茶杯，倒入泡好的蜜桃红茶，放置一边备用。

（4）将原味糖浆和苹果汁倒入步骤（1）预热好的茶杯中，搅拌均匀。

（5）将泡好的蜜桃红茶倒入步骤（4）的杯中，再放入柠檬片和薄荷做装饰。

二、伦敦迷雾

伦敦迷雾如图 4-13 所示。

图 4-13　伦敦迷雾

1. 原料选择

红茶包 1 个，沸水 120 mL，牛奶 120 mL，薰衣草糖浆 10 mL，红茶茶叶少许。

2. 伦敦迷雾饮料的加工流程

冰伦敦迷雾饮料：

（1）将伯爵红茶放入茶壶中，注入沸水，浸泡 5 min。

（2）将泡好的伯爵红茶用茶滤滤出后倒入茶杯中，冷却至常温。

（3）用手持电动奶泡器将牛奶打出奶泡。

（4）取一个玻璃杯，将薰衣草糖浆和冷却好的伯爵红茶倒入杯中，搅拌均匀。

（5）玻璃杯中加满冰块，铺上步骤（3）制作好的奶泡。在奶泡上撒上少许伯爵红茶茶叶做装饰。

热伦敦迷雾饮料：

（1）将适量沸水倒入茶壶和茶杯中，进行预热，再倒出沸水。

（2）将伯爵红茶放入茶壶中，注入 120 mL 沸水，浸泡 5 min。

（3）另取一个茶杯，倒入泡好的伯爵红茶用茶滤滤入杯中，放置一边备用。

（4）将牛奶全部倒入牛奶杯中，放入微波炉中加热 30 s，然后用手持电动奶泡器将牛奶打出奶泡。

（5）将泡好的伯爵红茶和薰衣草糖浆倒入步骤（1）预热好的茶杯中，搅拌均匀。铺上步骤（3）制作好的奶泡。撒上少许伯爵红茶茶叶做装饰。

三、迷迭香柠檬气泡茶

迷迭香柠檬气泡茶如图 4-14 所示。

图 4-14　迷迭香柠檬气泡茶

1. 原料选择

柠檬味红茶包 1 个，沸水 130 mL，雪碧 100 mL，冰块适量，迷迭香糖浆 30 mL，柠檬汁 15 mL，迷迭香 2 小株，柠檬片 1 片。

2. 迷迭香柠檬气泡茶加工流程

（1）将柠檬味红茶包放入茶壶中，注入沸水，浸泡 5 min。

（2）将泡好的柠檬味红茶倒入茶杯中，冷却至常温。

（3）取一个玻璃杯，将迷迭香糖浆、柠檬汁和迷迭香倒入杯中，并用捣棒碾压。

（4）玻璃杯中加满冰块，倒入雪碧和冷却好的柠檬味红茶。放入柠檬片做装饰。

任务评价

内容	具体要求	评分（10分）
红茶饮料的概念（2分）	能掌握红茶饮料的基本概念	
红茶饮料制作流程（5分）	能把握红茶冲泡时间、材料的选择及熟练掌握红茶饮料制作流程	
红茶饮料的品质特征（3分）	清楚不同红茶饮料的品质特征，热饮和冷饮的相同和不同之处	
本任务中的难点		
本任务中的不足		

● **巩固训练**

1. 熟悉红茶饮料的有效配方和操作流程。

2. 掌握红茶饮料的配比，调制出不同的饮品。

3. 选用红茶做饮料基底的优势和劣势是什么？

任务六　开发黑茶饮料

任务描述

　　通过本任务的学习，学生能熟练掌握黑茶饮料的加工工艺和方法。在我国西北少数民族地区，湖南黑茶的调饮法非常盛行，调饮法简便实用，调饮时可用的辅料极为丰富，调出的饮品丰富多彩，风味各异。湖南黑茶滋味浓厚，经久耐泡，加入各种配料后茶的香气和滋味依然不会被掩盖，特别适合做调饮。

任务重点

1. 掌握浸泡黑茶的水温为 100 ℃。
2. 熟悉黑茶饮料的有效配方和制作流程。

任务实施

一、哈萨克族奶茶

哈萨克族奶茶如图 4-15 所示。

图 4-15　哈萨克族奶茶

1. 原料选择

茯砖茶、牛奶、酥油、羊油、盐巴，均适量。

2. 器皿准备

奶锅 1 个，瓷质奶罐 1 个，汤滤及支架 1 套，玻璃公道杯 1 个，茶盘 1 个，瓷杯若干只，茶叶罐 1 个。

3. 哈萨克族奶茶加工流程

哈萨克族奶茶的基本程序有捣茶、洗锅、熬茶、加盐、过滤、加奶、加配料等步骤。

第一道：精心捣茶。

第二道：洗具备锅。

第三道：候汤煎茶。

第四道：加盐调味。

第五道：滤渣净汤。

第六道：五味调和。

第七道：奶茶敬客。

二、藏族酥油茶

藏族酥油茶如图 4-16 所示。

图 4-16　藏族酥油茶

1. 原料选择

优质砖茶、鲜奶（或奶粉）、酥油、鸡蛋、核桃仁、花生仁、芝麻、盐，均适量。

2. 器皿准备

酥油筒 1 个，瓷茶壶 1 把，奶锅 1 个，瓷质奶罐 1 个，汤滤及支架 1 套，玻璃公道杯 1 个，瓷杯若干只。

3. 藏族酥油茶加工流程

准备器具配料，煮水熬茶，分次加料打制，奉茶敬客。

第一道：碎茶煮汤。

第二道：制作酥油。

第三道：转汁入筒。

第四道：趁热打制。

任务评价

内容	具体要求	评分（10分）
黑茶饮料的概念（2分）	能掌握黑茶饮料的基本概念	
黑茶饮料制作流程（5分）	能把握黑茶冲泡时间、材料的选择及熟练掌握黑茶饮料的操作流程	
黑茶饮料的品质特征（3分）	清楚不同黑茶饮料的品质特征	
本任务中的难点		
本任务中的不足		

● **巩固训练**

1. 熟悉黑茶饮料的有效配方和操作流程。
2. 掌握黑茶饮料的配比，调制出不同饮品。
3. 黑茶饮料的功效与作用有哪些？

任务七　开发其他养生茶饮料

任务描述

　　通过本任务的学习，学生能熟练掌握其他养生茶的加工工艺和方法。在用沸水泡好的花草茶中加入橙子、迷迭香和薄荷，片刻之后，水果和芳香植物的香气就会完全释放。

视频：开发其他养生茶饮料

任务重点

1. 掌握浸泡花草茶的水温为 100 ℃。
2. 熟悉花草茶热饮的有效配方和操作流程。

一、花草茶热饮

花草茶热饮如图 4-17 所示。

图 4-17　花草茶热饮

1. 原料选择

花草茶 3 g，沸水 400 mL，柠檬清 60 mL，柠檬片 1 片，橙子片 1 片，薄荷叶适量，迷迭香适量。

2. 花草茶热饮的加工流程

（1）将花草茶放入茶壶中，注入沸水，浸泡 5 min。

（2）将泡好的花草茶用茶滤滤入茶杯中，放置一边备用。

（3）取一个醒酒瓶，依次放入柠檬清、柠檬片、橙子片、薄荷和迷迭香。

（4）将泡好的花草茶倒入醒酒瓶中，搅拌均匀后即可饮用。

二、洋甘菊柠檬姜茶

洋甘菊柠檬姜茶（图 4-18）是一款不含咖啡因的花草茶，适合用家中常备的姜（用老姜效果会更好）来搭配。姜能够提升柠檬的口

图 4-18　洋甘菊柠檬姜茶

味，变化出一种淡雅中带点小刺激的情调。微辣的姜混合在柠檬芳香和甘菊清香中，给人一种舒服自在的享受，由于不含咖啡因，晚上喝也可以。姜还有助于改善呼吸系统健康，而且可有效舒缓头痛、鼻塞，是花草茶的最佳搭档之一。

1. 原料选择

洋甘菊柠檬茶包 1 包，沸水 400 mL，蜂蜜 30 mL，姜片 3～5 片。

2. 洋甘菊柠檬姜茶的加工流程

（1）将姜洗干净后切成薄片放入杯中。

（2）热水浸置洋甘菊柠檬茶包 3～5 min，滤出茶汤后倒入杯中，稍后趁热饮用。

任务评价

内容	具体要求	评分（10分）
花草茶饮料基本概念（2分）	能掌握花草茶饮料的基本概念	
花草茶饮料制作流程（5分）	能把握花草茶冲泡时间、材料的选择及熟练掌握花草茶饮料的制作流程	
花草茶饮料的品质特征（3分）	清楚不同花草茶饮料的品质特征	
本任务中的难点		
本任务中的不足		

● 巩固训练

1. 熟悉其他养生茶饮的有效配方和操作流程。

2. 掌握其他养生茶茶饮配比，调制出不同饮品。

◆ 拓展阅读 ◆

调饮茶始于三国时期（220—280 年）。随着当时团茶、面茶、茶粥等的广泛传播，饮茶成为文人雅士、寺院僧侣和皇室君臣所推崇的风雅之事，饮茶的方式和流程也因此得到发展，调饮茶成为其中一个分支。当时的主流调饮法是在茶汤中加入各种配料，如将姜、椒、桂等和茶叶烹之，即最早的调饮茶。例如，三国时代张揖撰写的《广雅》一书，将调饮法记载为："荆巴间采茶作饼，叶老者，饼成，以米膏出之。欲煮茗饮，先炙令赤色，捣末，置瓷器中，以汤浇覆之，用葱、姜、橘子芼之。其饮醒酒，令人不眠。"晋朝时（265—420 年），郭义恭撰写的《广志》中详细记载："茶丛生，真煮饮为茗茶。茱萸橄子之属膏煎之，或以茱萸煮脯胃汁为之，曰：茶有赤色者。亦米和膏煎曰：无酒茶。"上述茶的调配或烹制方法，属于调饮茶范畴，后人研究中也多有追记。

思维导图

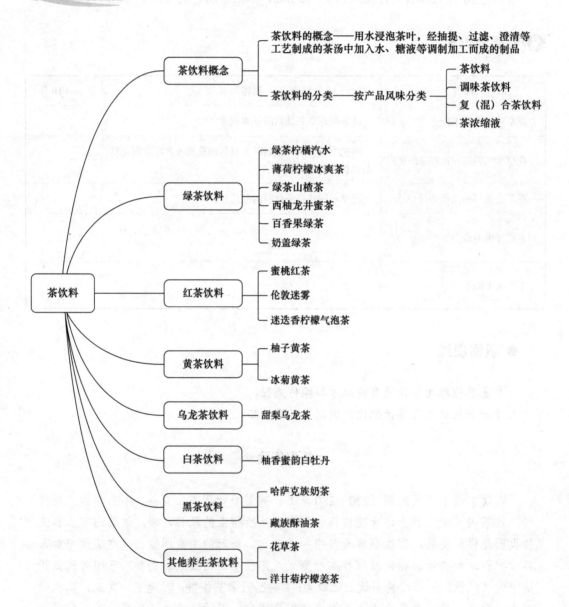

知识测评

一、选择题

1.下列不属于茶饮料成分的是（　　）。

    A.茶多酚　　　　　　B.食用香精　　　　　C.水　　　　　　　　D.钠

2.按产品风味分类，下列不属于茶饮料的是（　　）。

    A.茶粉　　　　　　　B.茶汤　　　　　　　C.调味茶饮料　　　　D.茶浓缩液

3.在绿茶饮料产品开发中，绿茶用量2 g适宜的水量为（　　）。

    A.110～120 mL　　　　　　　　　　　B.100～150 mL

    C.100～130 mL　　　　　　　　　　　D.110～150 mL

4.在开发红茶饮料产品中，如果茶叶过多，红茶中（　　）也会变多。

    A.茶多酚　　　　　　B.涩味　　　　　　　C.单宁酸　　　　　　D.咖啡碱

5.浸泡红茶的最佳水温为（　　）℃。

    A.80　　　　　　　　B.90　　　　　　　　C.100　　　　　　　　D.85

6.藏族著名的酥油茶是采用（　　）茶类制作而成的。

    A.白茶　　　　　　　B.黑茶　　　　　　　C.红茶　　　　　　　D.乌龙茶

7.以下步骤不是加工酥油茶的基本程序的是（　　）。

    A.碎茶煮汤　　　　　B.趁热打制　　　　　C.凤凰三点头　　　　D.转汁入筒

8.浸泡绿茶时，建议用（　　）热水。

    A.70～75 ℃　　　　B.80～85 ℃　　　　C.90～95 ℃　　　　D.100 ℃

9.（　　）不属于百香果绿茶饮料的必备用料。

    A.百香果　　　　　　B.龙井茶　　　　　　C.抹茶粉　　　　　　D.蜂蜜

10.年份较短的白牡丹润喉去火的效果比较好，适合（　　）饮用。

    A.春季　　　　　　　B.夏季　　　　　　　C.秋季　　　　　　　D.冬季

二、实训题

1.在茶饮料的制作中，请比较红茶调饮和绿茶饮料的区别有哪些，并完成红茶饮料和绿茶饮料的制作。

2.从目前茶饮料市场来分析，新式茶饮的发展空间及趋势。

项目五 茶酒——美妙交融的茶酒艺术

学习目标

【知识目标】

1. 了解茶酒的概念、分类及保健功效。

2. 掌握茶汽酒的工艺流程及技术要点。

3. 掌握茶配制酒的工艺流程及技术要点。

4. 掌握茶发酵酒的工艺流程及技术要点。

【技能目标】

1. 能够叙述茶酒的概念、类型及保健功效。

2. 能够熟练制作出 1～2 种日常用茶酒。

【素质目标】

1. 通过自主研发创制出茶酒，培养学生的动手实践能力及创新能力。

2. 通过团队协作，分工完成茶酒的制作，培养学生团队协作精神和工匠精神。

导入语

我国是世界上最早饮茶的国家，也是最早酿酒的国家。在神话传说里，茶成为饮料，从神农氏开始；而酒的兴起，则与仪狄和杜康相关，千年前先人的想象和智慧给茶与酒这两种饮料增添了几分传奇色彩与趣味性。

众所周知，茶水温和，酒水浓烈，茶与酒看似截然不同，但若将两者结合，将会碰撞出怎样的火花？

本项目将从概念、分类、保健等方面详细介绍茶酒，加深同学们对茶酒的理解和应用。

任务开始前，大家可以以小组为单位通过网络资源调查了解，学习有关茶酒的基础知识，并进行讨论与归纳，为后续的实操做好铺垫。

基础知识

一、茶酒的概念

茶酒是以茶叶为原料，辅以其他原料发酵或配制而成的各种饮用酒的统称。北宋时期大学士苏轼首次提及以茶酿酒，其后各朝各代不断有人做出尝试，均以失败告终；20世纪中期王泽农教授试图用发酵法研制茶酒，受社会环境的制约也未能成功；20世纪80年代以来，我国研究工作者们相继开展茶酒的试制，取得较大进展，各式各样的茶酒相继面世。茶酒的特点及优势如图5-1所示。

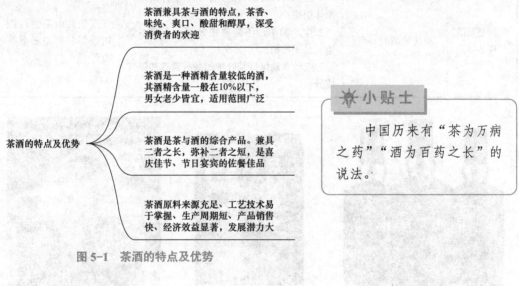

图5-1 茶酒的特点及优势

> ☀ 小贴士
>
> 中国历来有"茶为万病之药""酒为百药之长"的说法。

二、茶酒的分类

茶酒的分类如图5-2所示。不同茶酒的特点、优缺点及代表产品见表5-1。

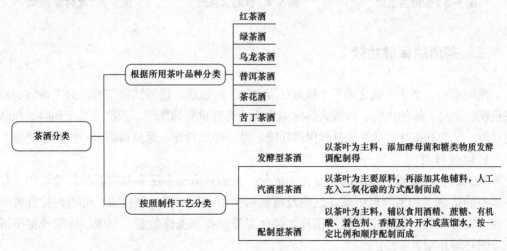

图5-2 茶酒的分类

表 5-1　不同茶酒的特点、优缺点及代表产品

茶酒类型	特点	优点	代表产品
发酵型茶酒（图 5-3）	有微生物参与发酵	风味独特，内含多种氨基酸、维生素和矿物质元素，并保持了茶多酚、咖啡碱和茶多糖等药用成分	湖北的陆羽茶酒、四川邛崃蜂蜜茶酒、河南信阳毛尖茶酒等
汽酒型茶酒（图 5-4）	仿照传统香槟酒的风格和特点	属于低酒精度的碳酸饮料，酒精度一般为 4%～8%	安徽茶汽酒和浙江健尔茗茶汽酒、四川茶露等
配制型茶酒（图 5-5）	模仿果酒的特点	1. 能保持茶叶固有的色香味，色泽鲜艳、酒体明亮； 2. 生产简单，不需要很多设备，成本低廉、易于推销； 3. 能较多地保持茶叶中的各种营养和保健成分	安徽黄山茶酒、四川茶酒和庐山云雾茶酒等

图 5-3　发酵型茶酒

图 5-4　汽酒型茶酒

图 5-5　配制型茶酒

三、茶酒的保健功效

民间素有"茶为万病之药""酒为百药之长"的说法，适量饮用茶酒，对于预防心血管疾病、提高人体的体质、改善人体的消化功能具有重要的作用。茶酒兼具茶和酒的风味与功能，又含有茶叶的活性成分和保健功能，是一种集营养、保健功能于一体的保健酒。

1. 保健作用

茶多酚、咖啡碱是茶酒的主要保健成分，茶酒具有茶多酚和咖啡碱的保健作用。如茶多酚的抗衰老和清除自由基、抗癌及抗辐射作用，降血糖、降血脂、解酒保护肝脏等作用；咖啡碱的兴奋中枢、振奋精神、强化思维、提高工作效益、利尿、醒酒松弛平滑肌、强心等作用。

2. 营养作用

茶叶富含氨基酸、维生素、矿物质元素等多种营养成分，以及大量有利于改善人体新陈代谢和增强人体免疫力的营养物质，在制备茶酒时这些营养成分大多溶于酒中，因此，茶酒有利于增加营养、提高体质、增进健康。

四、茶酒生产的主要原料

1. 茶叶

茶叶是生产茶酒的主要原料，绿茶、红茶、花茶、乌龙茶都可作为生产原料。

考虑到生产成本及原料的来源，生产茶酒所用的茶叶一般以 3～4 级茶为主。但无论何种原料，均需满足以下两个要求。

（1）茶叶应为当年新茶，品质未劣变，无异味，无污染，不含非茶类杂质。

（2）茶叶中各主要成分含量较高，重金属及农药残留量等符合国家卫生标准要求。

2. 茶酒用水

水是重要的溶剂，也是生产茶酒的重要原料。生产茶酒的用水除应符合我国《生活饮用水卫生标准》（GB 5749—2022）外，还应满足以下五点要求：

（1）无色、澄清、透明、无杂质、无沉淀、无异味。

（2）总硬度 8 度以下，中性或微酸性。

（3）不含硝酸、亚硝酸及其盐类。

（4）氯化物含量 ≤ 200 mg/L，铅含量 ≤ 0.05 mg/L，砷含量 ≤ 0.05 mg/L，氟化物含量 ≤ 1.0 mg/L，铜含量 ≤ 1.0 mg/L，锌含量 ≤ 1.0 mg/L，铁含量 ≤ 0.3 mg/L。

（5）菌落总数 ≤ 100 个 /L，大肠菌群 ≤ 3 个 /L。

3. 食用酒精

生产茶酒使用的食用酒精应符合国家二级酒精质量标准，同时应进行脱臭处理，降低其辛辣味及其他异味。

4. 其他辅料

（1）酸味剂：酸味剂用于赋予茶酒爽口的酸味，以柠檬酸使用最多。

（2）甜味剂：茶酒生产常用甜味剂包括蔗糖、果葡糖浆等，低热能的糖醇类甜味剂，如麦芽糖醇、山梨糖醇等也逐渐用于茶酒的生产。

（3）赋香剂：为改善茶酒的风味及口感，提升茶酒的香气，在茶酒生产中，可根据茶酒的类型、品种及要求，添加适量的可食用香精。茶酒中常用香型有果香型、花香型（如玫瑰香精、桂花香精、茉莉花香精等）、酒香型（如大曲香精）等。

（4）防腐剂：茶酒中含有糖分、有机酸、维生素等微生物生长繁殖所必需的营养物质。它是微生物的优良培养基，特别适合喜酸性环境的酵母菌、霉菌等微生物生长繁殖，为抑制微生物代谢引起茶酒的败坏，需要添加防腐剂，延长茶酒的保存时间。

苯甲酸钠、山梨酸钾是茶酒中常用的防腐剂，应严格按照国家卫生标准使用。

使用时，苯甲酸钠应先溶于水，煮糖时再加入，并且要边搅拌边加入，切忌同时加入柠檬酸。

（5）强化剂：为提高茶酒产品的营养价值，在茶酒生产过程中，可添加营养强化剂，如维生素和氨基酸等。

任务一　开发茶汽酒

任务描述 ●

通过本任务学习，学生了解茶汽酒概念的基础上，能够掌握茶汽酒的工艺流程及品质指标，并能根据配方生产 1 ～ 2 种茶汽酒，自主研制茶汽酒 1 种。

视频：开发茶汽酒产品

任务重点 ●

1. 了解茶汽酒的原料选择。
2. 掌握茶汽酒的加工工艺、主要操作要点及品质指标。
3. 熟练制作出 1 ～ 2 种茶汽酒。

任务实施 ●

一、原料选择

茶叶（红茶、绿茶或乌龙茶等）、脱臭食用酒精酒基、蔗糖、酸度调节剂等。

二、茶汽酒的加工工艺流程

（一）茶汽酒的工艺流程

茶汽酒加工工艺流程图如图 5-6 所示。

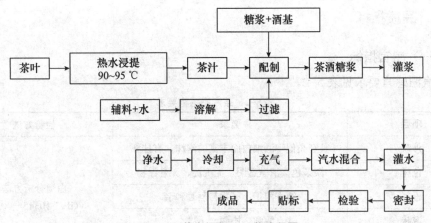

图 5-6　茶汽酒加工工艺流程图

（二）工艺过程及技术要点

1. 生产用具及设备处理

凡供生产的用具、设备都必须进行严格清洗、消毒，符合卫生标准。消毒汽酒瓶、积糖桶和配料缸等用具，一定要经冲洗、刷洗和喷洗后达到洁净，最好用灭菌过滤水冲洗，倒放流去水珠备用。

2. 茶酒用水

茶汽酒生产用水要先经严格处理。其方法与步骤是沉淀、澄清、过滤、灭菌、消毒、软化。

3. 茶汁制备

按规定配方准确称取品质正常的茶叶，按一定的茶水比例用 90 ～ 95 ℃的热水浸泡 10 min。先行沥去茶渣，再次反复过滤，要求滤汁无沉淀、小黑点和浑浊物等。

4. 茶糖浆制取

按比例加水入锅，煮沸后加入砂糖，待其溶化为无结晶液体后，加入酸味剂、赋香剂等辅料，继续煮沸 10 min 后得金黄色的透明糖浆，出锅、冷却。将冷却后的糖浆与茶汁、酒基混合，再次过滤后，即茶汽酒的基本原料。

5. 碳酸水（汽水混合）

处理后的水先经冷冻机降温到 3 ～ 5 ℃（称为冷冻水），再把冷冻水经汽水混合机混合，在 392.37 kPa 压力下形成雾状，与二氧化碳混合形成碳酸水，输送到灌瓶机中待用。

6. 灌浆灌水

将含有茶汁及酒的糖浆输送到灌浆机中定量灌浆，再将碳酸水注入茶汽酒糖浆瓶内，灌好后立即封口压盖。

7. 检验贴标

封口压盖后，每批生产的产品，应根据食品卫生标准进行外观、理化检验，符合标准的贴上商标，投放市场。

三、品质指标

（一）感官指标

茶汽酒感官要求见表5-2。

表5-2　茶汽酒感官要求

项目	要求	检验方法
外观	具有类似啤酒细白而丰富的泡沫，有挂杯	
色泽	淡茶色，清澈透明，无沉淀、无悬浮物	
香气	酒香醇正，茶香与酒香和谐	《白酒分析方法》（GB/T 10345—2022）
滋味	醇和、协调、干净	
风格	具有茶香怡人、醇甜、爽净的风格	

注：当酒的温度低于10℃时，允许有沉淀物质或失光，10℃以上时，应逐渐恢复正常。

（二）安全指标

茶汽酒安全指标见表5-3。

表5-3　茶汽酒安全指标

项目	指标	检验方法
甲醇/（g·L^{-1}）	≤ 2.0	《食品安全国家标准 食品中甲醇的测定》（GB 5009.266—2016）
氰化物（以HCN计）/（mg·L^{-1}）	≤ 7.0	《食品安全国家标准 食品中氰化物的测定》（GB 5009.36—2016）
铅（以Pb计）/（mg·kg^{-1}）	≤ 0.4	《食品安全国家标准 食品中铅的测定》（GB 5009.12—2017）

注：甲醇、氰化物指标均按100%酒精度折算。

（三）理化指标

茶汽酒理化指标见表5-4。

表5-4　茶汽酒理化指标

项目	指标	检验方法
二氧化碳（20℃/MPa）	≥ 0.05	《葡萄酒、果酒通用分析方法》（GB/T 15038—2006）
酒精含量/% vol	3～20	《食品安全国家标准 酒中乙醇浓度的测定》（GB 5009.225—2016）
总糖/（g·L^{-1}）	≥ 20	《葡萄酒、果酒通用分析方法》（GB/T 15038—2006）
总酸（以乙酸计）/（g·L^{-1}）	≥ 0.1	《食品安全国家标准 食品中总酸的测定》（GB 12456—2021）

项目	指标	检验方法
总酯（以乙酸乙酯计）/（g·L^{-1}）	≥ 0.15	《白酒分析方法》（GB/T 10345—2022）
固形物/（g·L^{-1}）	≤ 0.6	《白酒分析方法》（GB/T 10345—2022）

四、配方举例

（一）红茶汽酒

1. 原料选择

红茶 2.5 g、蔗糖 30 g、脱臭食用酒精 15 mL、净化水 500 mL、抗坏血酸 0.01 g、柠檬酸 2 g、红茶香精适量、二氧化碳气体等。

2. 制作方法

（1）红茶经沸水浸提后，过滤得茶汁。

（2）蔗糖加热溶解，过滤得糖水浆。

（3）其他辅料溶解，过滤得辅料液。

（4）茶汁、糖浆、辅料液与脱臭食用酒精充分搅拌混合均匀后冷却，得冷却液。

（5）冷却液充入二氧化碳气体后立即灌装、密封后即得成品。

（二）绿茶汽酒

1. 原料选择

绿茶 2.5 g、蔗糖 28 g、脱臭食用酒精 12 mL、净化水 500 mL、抗坏血酸 0.008 g、柠檬酸 4 g、食用小苏打 4 g、绿茶香精适量、二氧化碳气体等。

2. 制作方法

（1）绿茶经沸水浸提后，过滤得茶汁。

（2）蔗糖加热溶解，过滤得糖浆。

（3）其他辅料溶解，过滤得辅料液。

（4）茶汁、糖浆、辅料液与脱臭食用酒精充分搅拌混合均匀后冷却，得冷却液。

（5）冷却液灌装后，加入食用小苏打并立即密封即得成品。

任务评价

内容	具体要求	评分（10分）
茶汽酒加工工艺（5分）	能熟悉茶汽酒加工工艺流程，简述茶汽酒加工的主要操作技术要点	
茶汽酒品质指标（2分）	了解茶汽酒的品质指标，能够根据品质指标，分析茶汽酒的不足	

续表

内容	具体要求	评分（10分）
茶汽酒配方举例（3分）	能够根据茶汽酒配方进行茶汽酒制作，并根据已掌握知识，按照工艺流程，自主研发创新，开发新的茶汽酒	
本任务中的难点		
本任务中的不足		

● 巩固训练

1. 叙述茶汽酒的加工工艺流程及主要操作要点。

2. 分组练习，自己动手按照工艺流程制作出 1～2 种符合标准的茶汽酒，相互品尝，并交流制作方法和经验。

3. 分组练习，根据已掌握的知识，自主研发创新 1～2 种符合标准的茶汽酒，相互品尝，并交流制作方法和经验。

任务二　开发茶配制酒

任务描述 ●

通过本任务的学习，学生在了解茶配制酒概念的基础上，能够掌握茶配制酒的工艺流程及品质指标，并能根据配方生产 1～2 种茶叶配制酒，自主研制茶配制酒 1 种。

视频：开发茶配
制酒产品

任务重点 ●

1. 了解茶配制酒的原料选择。

2. 掌握茶配制酒的加工工艺、主要操作要点及品质指标。

3. 熟练制作出 1～2 种茶配制酒。

任务实施 ●

一、原料选择

茶叶（绿茶、红茶、乌龙茶等）、蔗糖、食用酒精、香料、酸度调节剂。

二、茶配制酒的加工工艺流程

（一）茶配制酒的工艺流程

茶配制酒的工艺流程如图 5-7 所示。

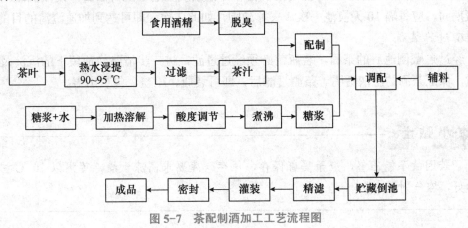

图 5-7　茶配制酒加工工艺流程图

（二）工艺过程及操作要点

1. 茶汁的制备

与茶汽酒所需茶汁的制备方法类似。

2. 糖浆熬制

蔗糖和水按比例加入锅中，煮沸后加入砂糖，待其溶化后，加入一定的柠檬酸，继续加热至糖液沸腾，再熬 10 min，即可取出。糖浆出锅时应是无色或微黄色透明的黏稠液体，无结晶糖。熬糖时火力要均匀，并不断搅动糖液，防止砂糖淤锅，造成糖浆老化，影响茶酒质量。

3. 酒精脱臭

食用酒精是茶配制酒的一种重要原料。为提高茶酒质量，减少酒中的有害成分，食用酒精要经过脱臭处理后才能使用。常用脱臭的方法有氧化、吸附等。脱臭后经严格检验，符合国家规定标准后，方可饮用。

> ☀ 小贴士
>
> 　　酒精中含有多种酯类、甲醇、杂醇和醛类等，这些物质含量过高，一方面会出现乳白色沉淀，影响茶酒的质量；另一方面也容易造成饮用者头晕。另外，还会造成酒味不纯。

4. 茶酒配制

根据配方准确称量各种原料，按配方将茶叶与酒精配制成一定酒精含量的原料液。然后按配方比例加入糖浆，充分搅拌混合均匀，加入防腐剂、抗氧化剂及其他辅料后，再次充分搅拌混合均匀。

5. 贮藏倒池

新配制的茶酒口感不柔和，色泽不够稳定，需经一段时间的物理和化学反应。茶酒在贮藏期间蛋白质与茶多酚产生的聚合物和其他杂质一起下沉为酒脚，使茶酒澄清。在贮藏期间，应每隔 10 天换池一次，去掉酒脚，如此 3 次，即可达到加速澄清的目的。

6. 过滤装瓶

经过贮藏倒池后的茶酒，装瓶前必须经过过滤，进一步清除换池留下的沉淀及悬浮物质，保证茶酒的澄清透明。茶酒过滤后，即可装瓶、压盖、包装出售。

> ☀ 小贴士
>
> 若因故不能出售，应予妥善保存，保存仓库要求阴凉干燥，库温以 20 ℃左右为好，空气对流。

三、品质指标

茶酒品质指标如图 5-8 所示。

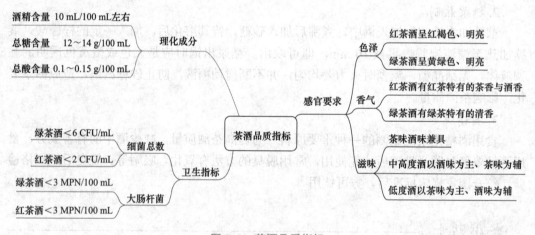

图 5-8　茶酒品质指标

四、配方举例

（一）一种绿茶配制酒的制作

1. 原料选择

绿茶、一级白砂糖、食用酒精、柠檬酸、纯净水。

2. 制法

（1）选择无污染的中档绿茶粉碎成碎茶，按 1 : 20 加水，微波浸提 3 ～ 5 min，浸提 2 次，过滤后合并浸提液。

（2）加入食用酒精，调节酒精度为 20%vol，并加入蔗糖、柠檬酸，调至糖含量为 5 g/L，酸含量为 1.0 g/L。

（3）过滤后灌装并密封，在 80 ℃条件下杀菌 10 min 即得成品。

3. 成品特点

酒液为淡绿色，清亮透明；具有绿茶和酒的复合香气；口感柔和、协调。成品酒中具有一定的多酚含量，因而具有相应的保健功能。

（二）一种红茶配制酒的制作

1. 原料选择

红茶，50% vol 小曲酒，白砂糖，柠檬酸，纯净水。

2. 制作方法

（1）原料挑选。选购市场上色泽较鲜、杂质较少、价格便宜的红茶。

（2）粉碎。浸提前，先将茶叶粉碎，以提高浸提率。

（3）浸提。在三角瓶中以茶水比 1 : 80 的比例加入 80 ℃的水，盖好瓶塞后置于 80 ℃恒温水浴锅中恒温浸提 30 min，取出冷却至室温后过滤，得到的茶汤置于 4 ℃保存备用。

（4）调配。将茶汤与小曲酒按 3 : 2 的体积比例混合，并添加白砂糖 4 g/100 mL、柠檬酸 0.1 g/100 mL，混合均匀后于室温放置 72 h 后过滤，得到香气淡雅，风味独特的茶酒饮料。

3. 成品特点

配制出的红茶酒具有红茶和小曲酒的典型香味，口感柔和协调，酸甜可口，色泽为琥珀色，清澈透明，风味独特。

（三）一种毛尖茶配制酒的制作

1. 原料选择

毛尖茶、冰糖、米酒、柠檬酸、纯净水。

2. 制作方法

（1）一半毛尖茶用沸水浸提后过滤，去除茶渣，得茶汁备用。

（2）另一半毛尖茶用米酒浸泡，密封封存 20 天后过滤，备用。

（3）冰糖加水煮沸溶解后，经冷却、过滤，备用。

（4）上述水提茶汁、米酒、茶浸提汁及冰糖水混合均匀，成混合液。

（5）用米酒勾兑、调配后，密封贮存 20 ～ 30 天后过滤，装瓶即得成品。

3. 成品特点

毛尖茶酒酒液为淡黄绿色，澄清透明；茶香突出、酒香醇厚、风味协调；酒精的体积分数为 20% vol。

内容	具体要求	评分（10分）
茶配制酒加工工艺（5分）	能熟悉茶叶配制酒加工工艺流程，简述茶配制酒加工的主要操作技术要点	
茶配制酒品质指标（2分）	了解茶配制酒的品质指标，能够根据品质指标，分析茶配制酒的不足之处	
茶配制酒配方举例（3分）	能够根据茶配制酒配方制作茶叶配制酒，并根据已掌握知识，按照工艺流程，自主研发创新，开发新的茶配制酒	
本任务中的难点		
本任务中的不足		

● 巩固训练

1. 叙述茶配制酒的加工工艺流程及主要操作要点。

2. 分组练习，按照工艺流程和制作方法，自己动手制作出 1～2 种符合标准的茶配制酒，相互品尝，并交流制作方法和经验。

3. 分组练习，根据已掌握的知识，按照工艺流程，自主研发创新 1～2 种符合标准的茶配制酒，相互品尝，并交流制作方法和经验。

任务三　开发茶发酵酒

任务目标

通过本任务学习，学生在了解茶发酵酒概念的基础上，能够掌握茶发酵酒的工艺流程及品质指标，并能根据配方生产 1～2 种茶发酵酒，自主研制 1 种茶发酵酒。

视频：开发茶发
酵酒产品

任务重点

1. 了解茶发酵酒的原料选择。

2. 掌握茶发酵酒的加工工艺、主要操作要点及品质指标。

3. 熟练制作出 1～2 种茶发酵酒。

⚲ 任务实施 ●

一、原料选择

茶叶（红茶或绿茶、乌龙茶）、酵母、蔗糖、食用酒精等。

二、茶发酵酒的加工工艺

（一）茶发酵酒的工艺流程

茶发酵酒加工工艺流程如图 5-9 所示。

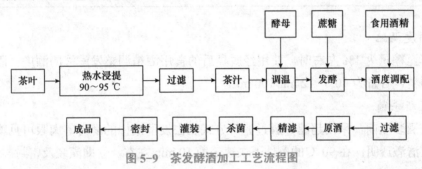

图 5-9　茶发酵酒加工工艺流程图

（二）操作要点

1. 茶汁制备

茶叶沸水浸提后滤去茶渣，得澄清茶汁，茶汁温度调至利于酵母发酵的温度，即 25～28 ℃。

2. 发酵

（1）酵母活化。茶酒发酵一般使用酿酒活性干酵母，接种前，酵母需要进行活化。按照 1∶10 的比例把酿酒活性干酵母加入糖度为 2% 的糖水中，在 35～40 ℃恒温水浴培养 10～15 min，再于 34 ℃恒温培养 1～2 h，低温保存备用。

（2）酵母接种。向调节好温度的发酵液中接种活化的酵母液，按照 5%～10% 或 1∶30 的比例接种，加入酵母后充分拌匀，使酵母均匀分布于发酵液中，以便发酵均匀。

☀ 小贴士

　　整个接种过程都应该在无菌的环境中进行，防止杂菌污染。酵母的添加量要合适，过少则糖的含量过高，影响发酵，降低出酒率；过多又可能使酵母不能完全发酵，使成品带有酸馊味。

（3）发酵。发酵是茶酒制作的关键步骤。为提高发酵液的酒精生成量，发酵过程中应分批加入糖。

具体方法：发酵初始加入 30% ～ 35% 的蔗糖，发酵中期再添加 25% ～ 30% 的蔗糖，发酵后期加入剩余的蔗糖，使发酵液的含糖量为 15% ～ 20%，以保证发酵过程的顺利进行。发酵初始阶段，温度一般控制在 25 ～ 28 ℃，发酵中后期，温度一般控制在 24 ～ 26 ℃。

> ☀ **小贴士**
>
> 发酵初始时，应提供充足的氧气，以利于酵母增殖，发酵中后期应适当密闭，适当造成缺氧环境，以利于酒精的生成。

3. 酒度调配

发酵至糖量为 1% 左右时，使用经脱臭后的食用酒精调整发酵液的酒度；酒度调整至成品酒精，含量为 10 ～ 12 mL/100 mL。

4. 装瓶杀菌

在茶酒装瓶前，采用超滤、膜过滤等方式滤去发酵液中的酵母等肉眼可见物，使灌装前料液清澈透明；在 90 ℃ 的条件下快速杀菌 10 min 左右，立即灌装及密封。

三、品质指标

（一）感官指标

茶发酵酒感官要求见表 5-5。

表 5-5　茶发酵酒感官要求

项目	要求	检验方法
外观	无色或微黄液体，清亮透明，无沉淀、无悬浮物	《白酒分析方法》（GB/T 10345—2022）
香气	茶香明显，舒适	
滋味	醇净柔顺，诸味协调	
风格	具有茶香怡人、醇甜、爽净的风格	

注：当酒的温度低于 10 ℃ 时，允许有沉淀物质或失光，温度在 10 ℃ 以上时，应逐渐恢复正常。

（二）安全指标

茶发酵酒安全指标见表5-6。

表5-6 茶发酵酒安全指标

项目	指标	检验方法
甲醇 / (g·L^{-1})	≤ 2.0	《食品安全国家标准 食品中甲醇的测定》（GB 5009.266—2016）
氰化物（以 HCN 计）/ (mg·L^{-1})	≤ 7.0	《食品安全国家标准 食品中氰化物的测定》（GB 5009.36—2016）
铅（以 Pb 计）/ (mg·kg^{-1})	≤ 0.4	《食品安全国家标准 食品中铅的测定》（GB 5009.12—2017）
注：甲醇、氰化物指标均按100%酒精度折算。		

（三）理化指标

茶发酵酒理化指标见表5-7。

表5-7 茶发酵酒理化指标

项目	指标		检验方法
	高度酒	低度酒	
酒精含量（20℃）/% vol	39 ~ 60	21 ~ 38	《食品安全国家标准 酒中乙醇浓度的测定》（GB 5009.225—2016）
酸酯总量 / (mmol·L^{-1})	≥ 3	≥ 2	《食品安全地方标准 茶香型白酒》（DBS52/ 022—2017）
固形物 / (g·L^{-1})	≤ 0.5	≤ 0.7	《白酒分析方法》（GB/T 10345—2022）
注：酒精度实测值与标签标示值允许差为 ±1.0% vol。			

四、配方举例

（一）一种乌龙茶发酵酒的制作

1. 原料选择

乌龙茶、一级蔗糖、食用酒精、酵母菌、乳酸、柠檬酸、纯净水等。

2. 制作方法

（1）茶汁的制备。茶叶用90 ~ 95 ℃的热水反复提取至汤色浅淡，滤去茶渣，把多次提取液汇聚于瓷桶中，冷却至室温备用。

（2）发酵。茶汁加入量为发酵容量的4/5，然后添加一级蔗糖。加入酵母菌后要进行充分搅拌，使酵母均匀分布在发酵液中，以便作用均匀。

1. 加入的蔗糖要先用发酵液溶解，切忌直接加入，否则会影响酵母菌的发酵。

2. 用于发酵的酵母菌要健壮肥大、形态整齐，发芽率在 25% 以上，死亡率在 2% 以下。

（3）化验。茶酒在发酵过程中要取样化验，以检测其发酵是否正常。发酵时，发酵液会发生各种生物化学变化，并表现出各种外观特征，根据这些外观特征可判断发酵正常与否。在发酵旺盛时，用烧杯取样，发酵液浑浊不清，乳白色悬浮的酵母颗粒较多，说明发酵正常，如酵母颗粒悬浮少，说明发酵不好，后果是糖度下降慢，且易染杂菌。

（4）过滤。将发酵完的乌龙茶酒用多层纱布过滤，即得到发酵好的乌龙茶原酒。

（5）均衡调配。为保证乌龙茶酒产品的质量，提高产品的档次，可对乌龙茶原酒进行酒精度和酸度的调配。调配用的食用酒精应符合国家二级酒精质量标准；调配用的酸为乳酸，质量标准为食用级。

（6）澄清处理。发酵后的乌龙茶原酒中含有细小的悬浮颗粒，需将这些悬浮物除去，以免影响酒的质量。

（7）装瓶杀菌。将经过澄清处理的茶酒过滤后装入瓶内，瓶内留以适当的空隙，装瓶后用封口机密封，85 ℃杀菌 15 min 即可。

3. 成品特点

乌龙茶发酵酒酒液橙黄透明，茶香味醇，酒香醇厚，滋味爽口，并具有显著的后香，产品兼具茶与酒的特性。

（二）一种绿茶发酵酒的制作

1. 原料选择

绿茶、一级白砂糖、蔗糖、冰糖、蜂蜜、食用酒精、酿酒活性干酵母、柠檬酸、乳酸，软化自来水等。

2. 制作工艺

一种绿茶发酵酒的制作工艺流程如图 5-10 所示。

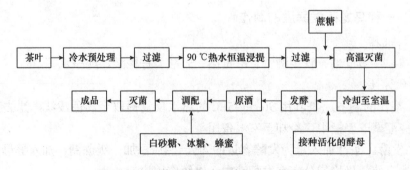

图 5-10　一种绿茶发酵酒的制作工艺流程

3. 制作要点

（1）酵母活化。以 1∶10 的比例把酿酒活性干酵母加入经过灭菌处理的糖度为 2% 的糖水中，在恒温水浴锅中以 35 ~ 40 ℃ 恒温培养 15 ~ 20 min，再把活化液移入 34 ℃ 的恒温水浴锅中恒温培养 1 ~ 2 h，最后放入冰箱保存备用。

（2）冷水预处理。以 1∶10 的比例用冷水浸泡绿茶 20 ~ 30 min，除去茶叶中一部分产生涩味的物质及其他杂味和异味，使茶更清爽，降低成品茶酒的苦涩味；过滤茶汁，取茶渣备用。

（3）茶叶浸提。按 1∶70 的茶水比，用 90 ℃ 热水恒温浸提经过冷水预处理的茶叶 20 ~ 25 min，使茶叶中有效成分及香味成分充分浸出，用 200 目滤布过滤，取茶汁备用。

（4）调糖度、灭菌。向过滤后的茶汁中加入蔗糖，将茶汁的含糖量控制在 12% 左右。茶汁加入蔗糖后搅拌，使蔗糖充分溶解，然后把茶汁放入高压灭菌锅中 120 ℃ 灭菌 15 min，冷却至室温备用。

（5）酵母的接种。以 1∶30 的比例向灭菌后的茶汁中加入活化后的酵母液。

> ☀ 小贴士
>
> 整个接种过程应在无菌的环境中进行，防止杂菌污染。

（6）发酵。将接种后的茶汁放入恒温箱进行培养。开始发酵的第 1 天，温度控制在 32 ~ 34 ℃，待酵母菌大量繁殖后将温度控制在 25 ~ 30 ℃。

> ☀ 小贴士
>
> 在酒精发酵过程中定期测量酒精度和糖度。发酵过程应不断搅拌发酵液，避免酵母菌沉积在酵母液的底部，从而提高发酵的效率。待发酵进行 7 天左右，测定酒精度大于 9% 且不再升高，残糖量小于 1% 即可停止发酵。

（7）调味、灭菌和贮存。将发酵完成的发酵液分别用白砂糖、冰糖、蜂蜜调节糖度，将糖度控制在 3 ~ 5 g/100 mL，有微甜感即可。

将调味后的茶酒经沸水浴 10 ~ 15 min 灭菌，以杀死茶酒中的酵母菌等微生物，待茶酒冷却至室温后在 4 ℃ 环境下冷藏 2 天，用膜过滤器过滤后即可装瓶、封口。

4. 产品特点

绿茶发酵酒呈黄褐色，色泽晶莹透亮，酒体澄清透明，总体酒质良好，具有茶和酒融合后的香气，口感柔和协调，且具有一定的保健功能。

📍 **任务评价** ●

内容	具体要求	评分（10分）
茶发酵酒加工工艺（5分）	能熟悉茶发酵酒加工工艺流程，简述茶发酵酒加工的主要操作技术要点	
茶发酵酒品质指标（2分）	了解茶发酵酒的品质指标，能够根据品质指标，分析茶发酵酒的不足	
茶发酵酒配方举例（3分）	能够根据茶发酵酒配方制作茶发酵酒，并根据已掌握的知识，按照工艺流程，自主研发创新，开发新的茶发酵酒	
本任务中的难点		
本任务中的不足		

● **巩固训练**

1. 叙述茶发酵酒的加工工艺流程及主要操作要点。

2. 分组练习，自己动手制作出 1～2 种符合标准的茶发酵酒，各组之间互相品尝，并交流制作方法和经验。

3. 分组练习，根据已掌握知识，按照工艺流程，自主研发创新 1～2 种符合标准的茶发酵酒，相互品尝，并交流制作方法和经验。

◆ **拓展阅读** ◆

茶酒论（唐）王敷

窃见神农曾尝百草，五谷从此得分。轩辕制其衣服，流传教示后人。仓颉制其文字，孔丘阐化儒因。不可从头细说，撮其枢要之陈。暂问茶之酒，两个谁有功勋？阿谁即合卑小，阿谁即合称尊？今日各须立理，强者光饰一门。

茶乃出来言曰："诸人莫闹，听说些些，百草之首，万木之花。贵之取蕊，重之摘芽。呼之名草，号之作茶。贡五侯宅，奉帝王家。时新献入，一世荣华。自然尊贵，何用论夸。"

酒乃出来曰："可笑词说。自古至今，茶贱酒贵。单醪投河，三军告醉。君王饮之，叫呼万岁，群臣饮之，赐卿无畏。和死定生，神明歆气。酒食向人，终无恶意。有酒有令，礼智仁义。自合称尊，何劳比类。"

茶为酒曰："阿你不闻道：浮梁歙州，万国来求。蜀川流顶，其山蓦岭。舒城太湖，买婢买奴。越郡余杭，金帛为囊。素紫天子，人间亦少。商客来求，舡车塞绍。据此踪由，阿谁合少。"

酒为茶曰："阿你不闻道，剂酒乾和，博锦博罗。蒲桃九酝，于身有润。玉酒琼浆，仙人杯觞。菊花竹叶，君王交接。中山赵母，甘甜美苦。一醉三年，流传今古。礼让乡间，调和军府。阿你头恼，不须干努。"

茶为酒曰："我之名草，万木之心。或白如玉，或似黄金。名僧大德，幽隐禅林。饮之语话，能去昏沉。供养弥勒，奉献观音。千劫万劫，诸佛相钦。酒能破家散宅，广作邪淫。打却三盏后，令人只是罪深。"

酒为茶曰："三文一缸，何年得富。酒通贵人，公卿所慕。曾（道）赵主弹琴，秦王击缶。不可把茶请歌，不可为茶（教）舞。茶吃只是腰疼，多吃令人患肚。一日打却十杯，肠胀又同衔鼓。若也服之三年，养虾蟆得水病报。"

茶为酒曰："我三十成名，束带巾栉。蓦海（骑）江，来朝今室。将到市廛，安排未毕。人来买之，钱财盈溢。言下便得富饶，不在明朝后日。阿你酒昏乱，吃了多饶啾唧。街中罗织平人，脊上少须十七。"

酒为茶曰："岂不见古人才子，吟诗尽道：渴来一盏，能养性命。又道：酒是消愁药。又道：酒能养贤。古人糟粕，今乃流传。茶贱三文五碗，酒贱盅半七文。致酒谢坐，礼让周旋。国家音乐，本为酒泉。终朝吃你茶水，敢动些些管弦。"

茶为酒曰："阿你不见道，男儿十四五，莫与酒家亲。君不见狌狌鸟，为酒丧其身。阿你即道：茶吃发病，酒吃能养贤。即见道有酒黄酒病，不见道有茶疯茶癫。阿阇世王为酒礘（煞）父害母，刘零为酒一死三年。吃了张眉竖眼，怒斗宣拳。状上只言粗豪酒醉，不曾有茶醉相言。不免（囚）首杖子，本典索钱。大枷（枷）项，背上抛椽。便即烧香断酒，念佛求天，终生不吃，望免迍邅。"两个政争人我，不知水在旁边。

水为茶曰："阿你两个，何用忩忩。阿谁许你，各拟论功。言词相毁，道西说东。人生四大，地水火风。茶不得水，作何相貌。酒不得水，作甚形容。米曲干吃，损人肠胃。茶片干吃，只砺破喉咙。万物须水，五谷之宗。上应乾象，下顺吉凶。江河淮济，有我即通。亦能漂荡天地，亦能涸煞鱼龙。尧时九年灾迹，只缘我在其中。感得天下亲奉，万姓依从。（犹）自不说能圣，两个何用争功。从今以后，切须和同。酒店发富，茶坊不穷。长为兄弟，须得始终。若人读之一本，永世不害酒癫茶疯。"

茶酒一味——引领新国潮

党的二十大报告指出，要"加快实施创新驱动发展战略""着力推动高质量发展"。茶产业的高质量发展离不开科技创新，如茶酒的融合。在800多年前，宋代大文豪苏轼曾突发奇想："茶酒采茗酿之，自然发酵蒸馏，其浆无色，茶香自溢。"苏轼将创想中的"茶酒"以"七齐""八必"做为茶酒酿制之法，添"酒礼""酒德"之说，丰富了茶酒文化的精神内涵。以茶酿酒虽是旷世奇思，但受时代工艺所限，苏轼在有生之年并未能实现这梦想。随着科学技术的不断革新，越来越多的研究方法、生产设备、监测设备及后处理技术会运用于茶酒产业，提高茶酒的技术水平，实现茶产业与酒产业的优势互补、融合，生产出了配制型茶酒、发酵型茶酒、汽酒型茶酒等各种类型的茶酒，并逐渐引领新国潮。

思维导图●

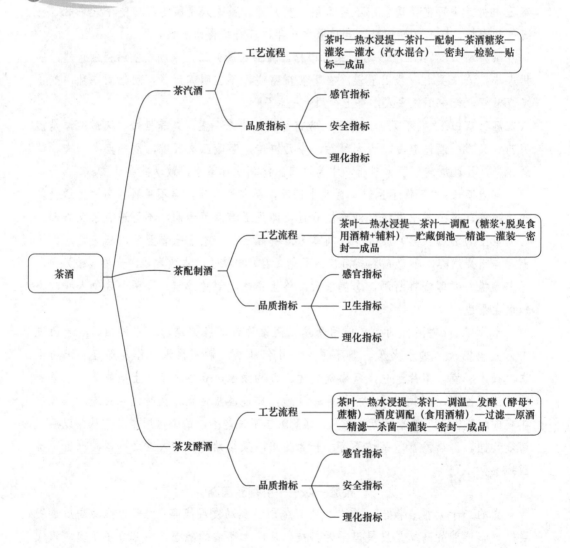

知识测评

一、选择题

1.关于茶酒的特点和优势，下列说法不正确的是（　　　）。

A.茶酒兼具茶与酒的特点，茶香、味纯、爽口、酸甜和醇厚

B.茶酒为一种酒精含量低的酒，其酒精含量一般均在 10% vol 以下，男女老少均宜，适用范围广泛

C.茶酒是集营养、保健、医疗为一体的多功能饮品

D.茶酒原料来源较少且工艺技术难于掌握，发展潜力不大

2.下列不属于按照茶酒生产工艺分类的是（　　　）。

　A.汽酒型茶酒　　　B.配制型茶酒　　　C.红茶酒　　　　D.发酵型茶酒

3.下列茶叶可以用于茶酒制作的是（　　　）。

　A.绿茶　　　　　　B.红茶　　　　　　C.黑茶　　　　　D.乌龙茶

4.下列是发酵型茶酒独有的加工工艺的是（　　　）。

　A.浸提　　　　　　B.茶酒配制　　　　C.发酵　　　　　D.过滤

二、实训题

1.茶配制酒的加工工艺流程主要有哪些？制作 1 种茶配制酒。

2.茶汽酒的加工工艺流程主要有哪些？制作 1 种茶汽酒。

项目六 茶食品——美味诱人的茶食佳肴

学习目标

【知识目标】

1. 了解茶在食品中的应用，熟悉茶食品的概念和分类。

2. 熟练制作并创新多种茶食品。

3. 掌握茶面包、茶饼干、茶蛋糕等茶焙烤类产品开发的工艺流程及要点。

4. 熟练掌握2～3种茶蒸煮类等主食茶食品开发。

5. 掌握茶蜜饯类及糖果类等休闲茶食品的工艺流程和操作要点。

【技能目标】

1. 能够掌握各类茶食品的配方和主要操作流程，并能制作出一些具有代表性的茶食品。

2. 在熟练掌握各种茶食品制作的基础上，能够自主创新开发新茶食品。

【素质目标】

1. 通过学习，自主创新开发新茶食品，培养学生的动手实践能力及创新能力。

2. 通过熟练掌握各类茶食品的配方和主要操作流程，并制作茶食品，培养学生团队协作精神和工匠精神。

导入语

我国是世界上最早发现和利用茶叶的国家，茶叶经历了药用、食用、饮用等几个阶段。用茶掺食作为菜肴、食品和膳食，古已有之，至今我国许多地方仍保留着"吃茶"的习惯，如云南基诺族有吃凉拌茶叶的习俗，湖南洞庭湖一带，吃姜盐茶、芝麻豆子茶。

随着茶叶深加工和茶叶综合利用研究的深入，同时顺应人们对食品的高营养、便捷化、多元化及健康保健性的市场需求，现代茶食品应运而生，并受到广泛关注。产品有茶菜肴、茶糖果、茶面包、茶糕点、茶饭、茶面条等，丰富多彩。

同学们在日常生活中有食用过茶食品吗？知道怎么制作茶食品吗？本项目主要内容为茶食品概念、分类及常见的茶食品的开发制作，加深同学们对茶食品的理解。

任务开始前，大家可以以小组为单位通过网络资源调查了解，学习有关茶食品的基础知识，并进行讨论与归纳，为后续的实操做好铺垫。

基础知识

一、茶食品的概念

"茶食"一词最早出现于《大金国志·婚姻》，其中记载"婿纳币，皆先期拜门，戚属偕行，以酒馔往……次进蜜糕，人各一盘，曰茶食。"因此，在传统中国人心中，茶食品是包括含茶食品和用以佐茶的糕饼点心之类的总称。

现代意义上的茶食品是指利用茶叶或由茶叶加工成的超微茶粉、茶汁、茶提取物等，与其他可食用原料共同制成各类含茶食品，具有天然、绿色、健康的特点。目前，市场上较为常见的茶食品有茶主食、茶菜、茶糖果、茶糕点等。

相较于普通食品而言，茶食品属于一种创新食品。茶食品将茶叶与食品有机结合，可使食品达到营养、风味、品种及经济效益等多种性能的互补和优化，是具有营养保健价值的绿色食品，也符合现代人们对健康的需求。茶叶中含有多种功能性营养成分，根据其溶解性的不同，通常可分为水溶性和脂溶性两种。通过传统的泡饮方式饮茶，人们只能摄取到茶叶中的水溶性营养成分，而约有 65% 的脂溶性营养成分留存于茶叶中，无法被人体吸收利用。而通过现代食品加工技术将茶叶中的营养物质与传统食品相结合制成茶食品，人们通过吃茶的方式可充分摄取茶叶中的营养成分，最大限度地发挥茶叶的营养保健功能。

二、茶叶在食品中的添加形式

茶叶在食品中的添加形式如图 6-1 所示。

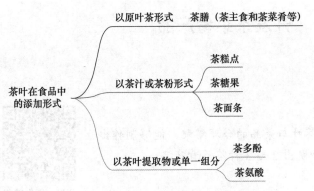

图 6-1 茶叶在食品中的添加形式

> **小贴士**
>
> 茶叶入膳可增香、调味、着色，赋予食品茶叶特殊的芳香，减少腥味和油腻感；同时，还可增加茶食品的营养、保健等功效。

三、茶食品的分类

随着茶食品行业的发展，种类丰富、形式多样的茶食品开始进入人们的视野，丰

富和扩充着我国的食品市场。根据市场主流产品与常见食品分类体系，我国的茶食品可以分为茶餐类、休闲茶食品和功能性茶食品三大类。其中，茶餐类品种较为多样，有茶粥、茶面条、茶饺子、茶豆腐，以及多种茶类烹饪菜肴等；休闲茶食品所包含的范围较广，涵盖所有类型的休闲食品，如坚果类、蜜饯类、谷薯类、肉类等，形式多样；功能性茶食品主要以茶叶提取物制成的保健品为主，如保健茶、口服含片、胶囊等。具体分类可见表 6-1。

表 6-1　茶食品的分类

一级分类	二级分类	产品形式
茶餐类	茶主食	茶饭、茶粥、茶面条、茶饺子等
	茶菜肴	龙井虾仁、茶香牛肉、碧螺炒银鱼等多种茶类烹饪菜肴
休闲茶食品类	含茶谷物休闲食品	茶面包、茶蛋糕、茶月饼、茶饼干等
	茶糖果	茶牛奶糖、茶酥糖、含茶牛轧糖、茶口香糖等
	含茶坚果类	茶瓜子、茶味杏仁等
	茶果脯蜜饯类	茶香金橘、金萱洛神花果脯等
	含茶肉制品类	茶猪肉脯、茶牛肉干、茶香肉松等
	含茶西式甜点类	茶冰激凌、茶布丁、茶味提拉米苏等
功能性茶食品类	茶叶类	保健茶
	茶提取物类	含茶提取物的胶囊、含片等

任务一　开发茶菜肴产品

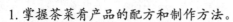 任务描述

通过本任务的学习，学生了解茶叶与菜品的合理搭配，能够制作出 2～3 种茶菜肴，并能够自主创新开发出 2～3 种茶菜肴产品。

 任务重点

1. 掌握茶菜肴产品的配方和制作方法。
2. 能够制作出 2～3 种茶菜肴产品。

视频：开发茶菜肴的产品

一、龙井虾仁

龙井虾仁（图6-2），是配以龙井茶的嫩芽烹制而成的虾仁，是富有杭州地方特色的名菜。虾仁玉白、鲜嫩，芽叶碧绿、清香，色泽雅丽，滋味独特，食后清口开胃，回味无穷，在杭菜中堪称一绝。

彩图 6-2~彩图 6-6

图 6-2　龙井虾仁

1. 原料选择

龙井茶叶 5 g，活的大河虾 500 g，鸡蛋 1 只，黄酒 10 mL，食盐 2 g，淀粉 3 g，熟猪油 500 g、味精少许。

2. 制作方法

（1）将虾去壳，挤出虾仁，洗净、沥干，加入盐、味精和蛋清，用筷子搅拌至有黏性，放入干淀粉，搅拌均匀上浆腌制 15 min。

（2）用沸水泡开茶叶，不加盖静置 5 min，滤出茶汤，茶叶和茶汤备用。

（3）炒锅上火，下熟猪油，烧至四五成热，放入虾仁，迅速用筷子搅散，15 s 后取出，倒入漏勺沥油。

（4）炒锅烧热，倒入 2 汤匙油、炒好的虾仁，加入料酒、盐、鸡精。倒入龙井茶叶，快速兜匀，加入茶汤搅匀煮沸。淋入生粉水勾芡即可出锅。

二、五香茶叶蛋

五香茶叶蛋（图6-3）又称茶蛋，是我国的传统食物之一。因其加工时使用了茶叶、茴香、桂皮、八角、花椒等五香调味香料，故称其为"五香茶叶蛋"。不同地方制作的用料有一定差异。

图 6-3　五香茶叶蛋

1. 原料选择

红茶 8 g，鸡蛋 8 个，八角 5 颗，桂皮 20 g，酱油 40 g，食用盐 1 g，白糖 40 g，黄酒 20 g，姜 10 g，葱 10 g。

2. 制作方法

（1）鸡蛋洗净置锅中加清水浸没煮 5 min，捞出稍磕破蛋壳。

（2）把红茶、八角、桂皮、姜、葱等用纱布包好。

（3）把鸡蛋放入锅中，加纱布包及调料烧至入味。

（4）冷却后，剥去鸡蛋外壳，切块装盘浇上原卤即成。

3. 特点

蛋茶香扑鼻，色泽红褐，细嫩滑爽。

三、油炸雀舌

油炸雀舌如图 6-4 所示。

1. 原料选择

黄山雀舌茶 80 g、鸡蛋 1 个、食用盐 0.5 g、干淀粉 15 g、花椒盐 5 g、芝麻油 500 g 等。

2. 制作方法

（1）将黄山雀舌茶置于碗中，用 150 mL 热水泡开，倒入漏网沥去茶汁。

（2）将鸡蛋磕入碗中，加入食用盐，搅打至蛋液起发，加入干淀粉搅拌均匀，倒入泡开的茶叶搅拌均匀。

（3）在锅内加入芝麻油，加热至五六成热，用筷子夹起裹上蛋糊的茶叶，投入油锅油炸，用筷子轻轻划动以免粘连。油炸至金黄色，捞出沥油，撒上花椒盐，即可食用。

3. 特点

本品采用黄山毛峰之上品"雀舌"制作，制品色泽金黄，细嚼此菜倍感茶香浓郁。

图 6-4　油炸雀舌

四、清蒸茶鲫鱼

清蒸茶鲫鱼如图 6-5 所示。

图 6-5　清蒸茶鲫鱼

1. 原料选择

活鲫鱼 250 ～ 350 g，绿茶 3 g，食用盐、料酒、葱、姜等适量。

2. 制作方法

将活鲫鱼去鳞、鳃及内脏，洗净，沥干水分，鱼腹中塞入绿茶，放于盘中，加姜、葱、适量盐、酒等调料，上锅蒸熟即可。

3. 特点

该菜肴滋味清香鲜美，能补虚生津，适宜热病和糖尿病人食用。

五、广东茶香鸡

茶香鸡如图 6-6 所示。

图 6-6　茶香鸡

1. 原料选择

清远肥嫩光鸡 1 只（质量 750～1 000 g），水仙茶叶 100 g，花生油 100 g，黄糖粉 150 g，精卤水，上汤 25 g，味精 1 g，芝麻油、蜜糖水各少许。

2. 制作方法

（1）先将精卤水制备好。其配料是酱油、八角、桂皮、草果各 50 g，砂姜、花椒、丁香各 25 g，甘草 50 g，开水 500 g。先将酱油、料酒、冰糖、精盐、味精放入料盒，然后将其与其他配料一起放入瓦盆。最后，将瓦盆放在慢火上，约煮 1 h 后便成。香料和药材包须经常泡在盆中。卤水制成后，最好是隔日使用。所制卤水可以长期使用，每次使用后，用纱罩盖好。再使用时，要用箩过滤后烧沸，以保持清洁。如天天使用，则须 1 周更换 1 次用料。

（2）把光鸡洗净，放入微沸的精卤水盆中，用文火浸煮约 15 min 至九成熟，捞起。浸煮过程中可以将鸡取出两次，倒出腔内卤水后再浸入，以保持鸡腔内外温度一致。

（3）另用中火烧锅，下花生油，烧至五成热时将茶叶下锅炒至有茶香味，然后放入黄糖炒至溶化起烟。接着把鸡架在锅中、加盖，熏焗约 5 min，待鸡成金黄色便可出锅盛起。待鸡稍凉后即可斩件上碟。以少许精卤水、上汤、味精、蜜糖水及麻油调制成料汁淋在鸡上面即可食用。

3. 特点

色泽金黄、茶香浓郁、滑嫩香甜、骨也有味。此为广东名菜，如无清远鸡，也可用肥嫩的本地鸡种代替。

⚲ 任务评价 ●

内容	具体要求	评分（10 分）
龙井虾仁（2 分）	能熟悉龙井虾仁的制作流程，按照配方和步骤完成制作	
五香茶叶蛋（2 分）	能熟悉五香茶叶蛋的制作流程，按照配方和步骤完成制作	

续表

内容	具体要求	评分（10分）
油炸雀舌（2分）	能熟悉油炸雀舌制作流程，按照配方和步骤完成制作	
清蒸茶鲫鱼（2分）	能熟悉清蒸茶鲫鱼制作流程，按照配方和步骤完成制作	
广东茶香鸡（2分）	能熟悉广东茶香鸡制作流程，按照配方和步骤完成制作	
本任务中的难点		
本任务中的不足		

● 巩固训练

1. 学生分组，按照配方选择食材，自己动手制作 1～2 种茶菜肴产品，相互品尝，并交流制作方法和经验。

2. 学生分组，自主选择食材，创新开发 1～2 种茶菜肴产品，相互品尝，并交流制作方法和经验。

任务二 开发茶焙烤类产品

🔎 任务描述 ●

通过本任务的学习，学生了解茶焙烤类食品的类型，掌握日常生活中常见的茶焙烤类食品的制作工艺流程，能够制作出 2～3 种茶焙烤类食品，并能够自主创新开发出 1～2 种茶焙烤类食品。

视频：开发茶焙
烤类的产品

🔎 任务重点 ●

1. 掌握茶焙烤类食品的配方和制作方法。
2. 能够制作出 2～3 种茶焙烤类食品。

🔎 任务实施 ●

茶焙烤类食品是指利用超微茶粉（抹茶）或茶叶提取物等茶叶原料作为辅料，与面粉、油脂、糖等其他食品原料，采用焙烤加工工艺定型和熟制而成的一类烘焙食品。主要的茶焙烤类食品有茶饼干、茶面包、茶蛋糕、茶月饼等，这些含茶糕点较适合不爱油腻、喜欢清香味的人群。

一、茶面包

茶面包是以小麦面粉为主要原料，以茶粉或茶汁、酵母、糖、盐等为辅料，加水调制成面团，经过发酵、整形、成型、烘烤、冷却等工序而制成的一种焙烤食品。

（一）原料选择

主要原料：高筋面粉、酵母、茶粉或茶汁。

辅料：油脂、乳制品、白糖、食盐、水等。

茶叶原料：绿茶、红茶、乌龙茶、普洱茶等。

（二）工艺流程

茶面包加工工艺流程如图 6-7 所示。

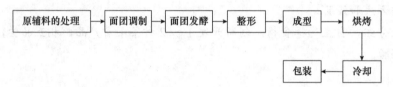

图 6-7　茶面包加工工艺流程图

（三）操作要点

1. 原辅料的处理

（1）面粉处理：面粉过筛，清除杂质。

（2）酵母活化：鲜酵母中加入 5 倍酵母质量的水，水温 28 ～ 30 ℃；干酵母加入 10 倍酵母质量的水，水温 40 ～ 44 ℃为宜，当表面出现大量气泡即可投入生产。若采用即发活性干酵母，则不需活化，可直接使用。

（3）茶叶的处理：如果配方中用茶粉或抹茶，使用前可加水调制成乳状后加入或直接与面粉混合均匀后加入；如果配方中用茶汁，则先将茶叶提取获得茶汁，然后直接用茶汁和面。

2. 面团调制

面团调制俗称和面，将原辅料配合好，在调粉机中混合搅拌成面团。根据面团发酵方法的不同，面团调制可分为一次发酵法调制面团和二次发酵法调制面团。一次发酵法调制面团是将所有的原料一次混合调制成面团；二次发酵法调制面团，即采用二次调粉和二次发酵，第一次调制的面团称为种子面团，调制时，按照投料顺序将已处理好的部分面粉（全部面粉的 50% ～ 80%）、全部酵母溶液和适量水倒入和面机中进行搅拌；第二次调制的面团为主面团，将剩余的原料充分混合均匀，加入发酵好的种子面团，继续搅拌形成均匀且有弹性的面团。

3. 面团发酵

面团发酵是由酵母的生命活动来完成的。酵母利用面团中的营养物质，在氧气的参与下进行正常生长与繁殖，产生大量的二氧化碳气体和其他物质，使面团膨松富有弹性，并赋予成品特有的色、香、味、形。面团发酵温度控制在 28 ～ 30 ℃，相对湿度为 75% ～ 80%，发酵时间为 2 ～ 3 h。

4. 整形

整形包括面团的切块、称量、搓圆、静置、整形和入盘等工序。整形可采用手工、半手工或机械整形。整形室温度为 25 ～ 28 ℃，相对湿度以 65% ～ 70% 为宜。

5. 成型

成型又称醒发或末次发酵，是指将整形后的面包坯在较高温度下经最后一次发酵，使面包坯迅速起发到一定体积，形成松软的海绵状组织和面包的基本形状，再进入烘烤阶段。面包醒发一般在温度为 36 ～ 38 ℃，相对湿度为 80% ～ 90% 的条件下，醒发 45 ～ 90 min。

6. 烘烤

将面包坯放入烤炉中使之成熟，烘烤温度一般为 200 ～ 230 ℃。

7. 冷却与包装

将烤炉中取出的面包温度降至常温，然后将面包用蜡纸或其他符合卫生要求的材料包装即可。

（四）茶面包举例

抹茶面包如图 6-8 所示。

图 6-8 抹茶面包

1. 一种茶末面包的制作

（1）原料选择。面粉 700 g、茶粉适量、酵母 25 g、白砂糖 60 g、食盐 20 g、奶油 60 g、发酵助剂 0.1 g。

（2）制作方法。

1）将原料和辅料均匀混合后，在 38 ℃温度下发酵 1 ～ 2 h，再放入固定模具中使之成型。

2）放入 180～200 ℃的烤箱中烤 25 min 即成。

2. 一种茶汁面包的制作

（1）原料选择。面粉 700 g、水 850 g、奶油 60 g、酵母 25 g、白糖 60 g、食盐 20 g、茶汁 200 g、脱脂乳 40 g、发酵粉 0.1 g。

（2）制作方法。

1）茶汁提取。茶叶在 100～130 ℃的烘箱中高温干燥 10 min 左右，使茶的异味在高温下充分挥发，茶香显露。经过高温干燥后的茶叶摊晾 60～90 min。茶水按照 1：10 的质量比浸泡在开水中，反复充分搅拌，再经过浸渍、抽提、沉淀、过滤、静置等工序，初制成浓茶汁备用。

2）面包制作。取小麦粉 700 g、酵母 25 g，加水 500 g 在搅拌器中混搅 3 min，静置 4 h 后加入白糖 60 g、食盐 20 g、奶油 60 g、发酵粉 0.1 g、脱脂乳 40 g、水 350 g、茶汁 200 g，然后再混合搅拌 10 min。将面团分割、发酵、整形后，在 38 ℃温度下发酵 40 min，最后在 180～200 ℃的烤箱内烘烤 25 min 即可。

3. 特点

按照此方法制作的茶面包呈茶褐色，茶面包十分疏松，体积也比常规面包大 20%～30%，具有易保鲜、芳香可口、风味独特的品质特点。

二、茶饼干

茶饼干（图 6-9、图 6-10）是以小麦面粉、茶叶为主要原料，添加或不添加糖、油脂及其他辅料，经调粉、成型、烘烤制成的水分含量低于 6% 的松脆性食品。

图 6-9　茶饼干　　　　　　　　　　图 6-10　抹茶曲奇饼干

（一）一种木糖醇绿茶饼干的制作

1. 原料选择

低筋面粉 100 g、黄油 40 g、木糖醇 30 g、绿茶 1.0 g、蛋液 24 g、奶粉 5 g、食盐 1 g、小苏打 1 g。

2. 工艺流程

木糖醇绿茶饼干生产工艺流程如图 6-11 所示。

图 6-11　木糖醇绿茶饼干生产工艺流程

3.操作要点

（1）原料预处理。将木糖醇、绿茶、食盐用粉碎机粉碎，过 80 目筛备用。低筋粉过筛，备用。

（2）黄油的处理。将称好的 40 g 黄油加热软化，温度控制在 30 ℃左右，软化状态下搅拌均匀。

（3）预混。向软化的黄油中加入 30 g 木糖醇粉，分两次加入，每次搅拌均匀至无块状凝固糖粒，最后搅拌至色泽稍发白的状态。

（4）搅打。黄油和木糖醇粉搅拌均匀后加入 24 g 蛋液，蛋液分两次加入，每次加入后要手动搅打，使蛋液充分与其混合呈膏状，无较大颗粒出现。

（5）调制面团。准确称取 1 g 食盐、1 g 小苏打、5 g 奶粉、1 g 绿茶粉，与过筛的低筋粉混合拌匀。将其分两次倒入搅打均匀的黄油混合物中，调制成面团，约 3 min，调制好的面团温度在 20 ℃左右。然后将面团用擀面杖压成约 3 mm 厚、表面光滑、质地细腻、无裂痕的面皮，并用保鲜膜包裹，放在冰箱中冷却 10 min。

（6）成型。将冷却好的面皮取出后，用模具印制成型。

（7）烘焙。面火 160 ℃、底火 130 ℃，烤箱中层，烘焙 8 min。为使饼干受热均匀，在烘焙期间可以将烤盘翻转，继续烤制，可以防止因烤箱内温度不均匀导致饼干受热不均。

（8）冷却。将烤制好的饼干取出后，放在通风处晾干，半小时后，挑出不合格成品，其余装入保鲜袋密封。

（二）一种红茶饼干的制作

1.原料选择

低筋面粉 125 g、大豆油 15 g、小苏打 1.25 g、食盐 0.5 g、白砂糖 38 g、水 55 g、超微红茶粉 5 g、小苏打 1.25 g。

2.工艺流程

红茶饼干制作工艺流程如图 6-12 所示。

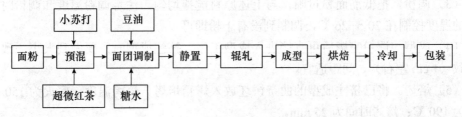

图 6-12　红茶饼干制作工艺流程图

3. 操作要点

（1）预混。将超微红茶粉、小苏打与面粉混合均匀。

（2）面粉调制。先将豆油加入已预混好的面粉中混合均匀，再将预先溶解在热水中的糖制成糖水，分多次倒入面粉中，每倒一次将水粉混合均匀，20 min 左右将面粉调制成团。

（3）静置。面团在辊轧前，静置 15 min 左右。

（4）辊轧。辊轧时多次折叠并旋转 90°，需辊轧 10 多次，使面团成为厚薄均匀、形态平整、表面光滑和质地细腻的面带。

（5）成型。用圆形模具制成圆形饼坯，整齐摆放在涂好油的烤盘内。

（6）烘烤。以 210 ℃作为上炉温，180 ℃作为下炉温对饼坯进行烘烤，用时 35 min，使饼坯含水量为 2%～3%。

（7）冷却。将烤好的饼干缓慢冷却至室温。

（三）一种绿茶曲奇饼干的制作

1. 原料选择

以低筋面粉 100% 计，超微绿茶粉 3%、麦淇淋 40%、糖 40%、色拉油 12.5%、鸡蛋 15%、水 25%。

2. 加工工艺

绿茶曲奇饼干制作工艺流程如图 6-13 所示。

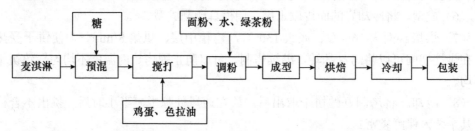

图 6-13　绿茶曲奇饼干制作工艺流程图

3. 操作要点

（1）称量。准确称取各种配料。

（2）搅打。把麦淇淋和糖倒入搅拌机中高速搅打 2 min，然后加入鸡蛋，搅打 12 min。再缓缓加入色拉油，中速搅打 5 min。将绿茶粉过筛后，溶于 35 ℃的热水中；缓慢加入溶有超微绿茶粉的热水，高速搅打 10 min。

（3）调粉。把低筋面粉过筛，与上述原料搅拌均匀，注意调粉温度和调粉时间。面团的温度控制在 20～26 ℃，调制到没有干粉即可。

（4）成型。调粉完毕后可直接进入成型工序。挤注成型时，要做到大小一致、厚薄一致（1 cm 左右）、间距适宜。

（5）焙烤。将已挤注成型的曲奇饼坯放入烤箱焙烤。焙烤温度：底火为 150 ℃，面火为 190 ℃；焙烤时间为 25 min。

（6）冷却。将曲奇饼干缓慢冷却，使水分继续蒸发，待饼体逐步变硬后及时包装。

三、茶蛋糕

茶蛋糕是指在蛋糕生产过程中加入一定量的茶粉末，制成的含有茶叶粉末的蛋糕。该产品既增加了蛋糕的花色品种，又使蛋糕具有相应的保健功能（图6-14）。

图6-14　抹茶蛋糕

1. 原料选择

面粉、茶粉、鸡蛋、白糖、蛋糕油、泡打粉等。

2. 基本工艺流程

茶蛋糕制作工艺流程如图6-15所示。

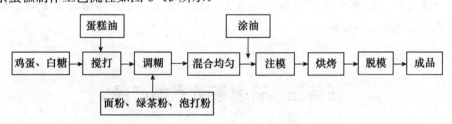

图6-15　茶蛋糕制作工艺流程

3. 操作要点

（1）搅打。将鸡蛋与白糖慢速搅打混合均匀后，加入蛋糕油快速搅打至料液呈现白色泡沫状结构。

（2）调糊。将茶粉、面粉、泡打粉混合均匀，筛入蛋糊内，慢速搅拌均匀。

（3）注模。将面糊注入涂完油的模具内，注模量占模具体积的2/3，轻轻震动模具，排出面糊与模具间的空气。

（4）烘烤。先开下火，温度设置为180 ℃，烘烤6 min；再开上火，在上火为200 ℃、下火为180 ℃条件下烘烤10 min，最后关闭下火，烘烤3 min。

任务评价

内容	具体要求	评分（10分）
茶面包（3分）	能熟悉茶面包制作流程和主要技术要点，并根据配方选择食材，制作一种茶面包	
茶饼干（3分）	能熟悉茶饼干制作流程和主要技术要点，并根据配方选择食材，制作一种茶饼干	
茶蛋糕（4分）	能熟悉茶蛋糕制作流程和主要技术要点，并根据配方选择食材，制作一种茶蛋糕	
本任务中的难点		
本任务中的不足		

● 巩固训练

1.叙述茶面包、茶饼干、茶蛋糕的加工工艺流程及主要操作要点。

2.分组练习，按照配方选择食材，自己动手制作1～2种茶焙烤类食品，相互品尝，并交流制作方法和经验。

3.分组练习，根据已掌握的知识，自主创新制作1～2种茶焙烤类食品，相互品尝，并交流制作方法和经验。

任务三　开发茶蒸煮类产品

任务描述

通过本任务的学习，学生能够制作出2～3种茶蒸煮类产品，并能够自主创新开发出1～2种茶蒸煮类产品。

视频：开发茶蒸
煮类的产品

任务重点

1.掌握茶蒸煮类的产品配方和制作方法。

2.能够制作出2～3种茶蒸煮类的产品。

🔍 **任务实施** ●

一、猴魁焖饭

猴魁焖饭如图 6-16 所示。

图 6-16 猴魁焖饭

1. 原料选择

太平猴魁适量,糯米 500 g,瘦猪肉、春笋、香菇各适量,食盐、味精、熟猪油各少许。

2. 制作方法

(1) 取新鲜猴魁放入杯中,用 80 ℃热水泡开,5 min 后把茶汁滤出放入锅中。

(2) 将糯米淘净后放入锅中并添足水煮饭。

(3) 另取锅上火,放入猪油,烧热后将瘦猪肉、春笋、香菇切成小丁放入,再调入食盐、味精适量,翻炒均匀,至八九成熟时起锅待用。

(4) 待饭烧至刚熟时把炒三丁及猴魁茶叶倒入锅中,与米饭一同翻炒均匀,然后加盖再焖煮 5 min 即成。

3. 特点

太平猴魁茶香持久,味浓鲜醇,回味甘美,品质超群,用它来焖饭则茶香四溢,清新入脾,使人胃口大开。素有"猴魁入饭,美味佳肴,别具风情,引人入胜"之说。

二、绿茶粥

1. 原料选择

绿茶 10 g、大米 50 g、白砂糖或冰糖适量。

2. 制作方法

将绿茶加水煮成汁后去渣,将大米淘净放入锅中,加入绿茶汁、糖和适量的水,小火熬成粥即可。

三、茶馒头

抹茶馒头如图6-17所示。

图 6-17　抹茶馒头

1. 原料选择

新茶、面粉及各种辅料。

2. 制作方法

新茶 100 g 用沸水 500 mL 泡制成浓茶汁，将茶汁放至 20 ～ 30 ℃；将面粉、酵母、茶汁及适量水按比例和匀发酵；待发酵成熟后，按常法蒸制馒头。

四、茶面条

抹茶面条如图6-18所示。

图 6-18　抹茶面条

1. 原料选择

绿茶、面粉及各种辅料。

2. 制作方法

制法一：取过 200 目筛的茶粉，按 1 ∶ 50 与面粉和匀后，按常规制作面条工序制作面条。

制法二：取上等茶叶 100 g（推荐以绿茶为主），加入沸水 500 ～ 600 mL，泡成浓茶汁；以此茶汁和面，按常规制作面条工序制作面条。

3. 特点

此面条色绿、味鲜、有茶香，且下锅不易煳。

任务评价

内容	具体要求	评分（10分）
猴魁焖饭（2分）	能熟悉猴魁焖饭制作流程，按照配方和步骤完成制作	
绿茶粥（2分）	能熟悉绿茶粥制作流程，按照配方和步骤完成制作	
茶馒头（3分）	能熟悉茶馒头制作流程，按照配方和步骤完成制作	
茶面条（3分）	能熟悉茶面条制作流程，按照配方和步骤完成制作	
本任务中的难点		
本任务中的不足		

● 巩固训练

1. 叙述茶蒸煮类食品的做法。

2. 分组练习，按照工艺流程，自己动手制作 1 ～ 2 种茶蒸煮类产品，相互品尝，并交流制作方法和经验。

3. 分组练习，根据已掌握知识，自主创新制作 1 ～ 2 种茶蒸煮类产品，相互品尝，并交流制作方法和经验。

任务四　开发茶蜜饯类产品

任务描述

通过本任务的学习，学生了解茶在蜜饯类产品上的应用，掌握茶蜜饯类食品的制作工艺流程，能够制作出茶蜜饯类食品。

视频：开发茶蜜饯类的产品

任务重点

1. 掌握茶蜜饯类食品的配方和制作方法。

2. 能够按照工艺流程制作出茶蜜饯类食品。

任务实施 ●

蜜饯也称果脯，是一种以果蔬等为原料，经用糖或蜂蜜腌制而成的食品。南方以湿态制品为主，称为蜜饯；北方以干态制品为主，称为果脯。茶蜜饯是将茶加入蜜饯中加工而成的一种食品。

下面以红茶梅蜜饯（图 6-19）来进行讲述。

图 6-19　红茶梅蜜饯

一、原料选择

青梅鲜果 100 kg，白砂糖 30 ～ 50 kg，食盐 8 ～ 10 kg，红茶 2.5 kg，明矾 0.5 kg。

二、工艺流程

选料→打孔→漂洗→食盐腌制→晒干（半成品原料）→浸渍脱盐→糖制→红茶调味→沥干（烘干）→包装。

三、主要操作要点

1. 原料处理（选料、打孔、漂洗）

选取七八成熟、无病虫害、无机械损伤的鲜青梅。采用专用的打孔刺孔机械在青梅表面刺上若干细微小孔。打孔后将青梅洗净。

2. 食盐腌制

腌制前先将食盐与明矾混合均匀，按照一层青梅一层食盐的方法在腌制缸中进行腌制。

3. 晒干

将经食盐腌制 48 ～ 72 h 后的青梅用热泵风干，即为青梅盐坯半成品。

4. 糖制

按每 100 kg 青梅加入白砂糖 15 kg 的比例，将脱盐青梅浸入糖水中，水量以恰好淹没青梅为宜。静置 2 天后，随后 7 天需每天翻动，并且每天再加入 2 kg 白砂糖。其后每隔 3 ～ 5 天翻动青梅，并加入白砂糖约 2 kg，至 40 天时，将剩余白砂糖全部加入，整个腌制过程需时 2 个月。最后将糖渍后将青梅与糖汁一并置于减压锅中煮制。

5. 红茶调味

煮制过程中，将 2.5 kg 红茶调配的茶汤加入锅中，与青梅一起煮制。

6. 沥干（烘干）

煮制结束后将青梅取出沥去糖汁、茶汁，并置于专用烘箱中脱去部分水分。

四、特点

按此工艺制作的红茶梅色泽橙黄晶亮，完整，茶香明显，滋味酸甜适中，风味明显。

任务评价

内容	具体要求	评分（10分）
茶蜜饯加工工艺（6分）	能熟悉茶蜜饯的加工工艺流程及主要操作要点	
茶蜜饯配方举例（4分）	能根据茶蜜饯配方进行茶蜜饯制作，并据已掌握知识，按照工艺流程，自主研发创新，开发新的茶蜜饯类食品	
本任务中的难点		
本任务中的不足		

巩固训练

1. 叙述茶蜜饯的加工工艺流程及主要操作要点。

2. 分组练习，按照配方和工艺流程，自己动手制作茶蜜饯类食品，相互品尝，并交流制作方法和经验。

3. 分组练习，根据已掌握知识，自主创新制作茶蜜饯类食品，相互品尝，并交流制作方法和经验。

任务五　开发茶糖类产品

视频：开发茶糖
类的产品

任务描述 •

通过本任务的学习，学生了解茶糖果食品的类型，掌握日常生活中常见的茶糖类食品的制作工艺流程，能够制作出 1～2 种茶糖类产品，并能够自主创新开发出 1～2 种茶糖类产品。

任务重点 •

1. 掌握茶糖类产品的配方和制作方法。
2. 能够制作出 2～3 种茶糖类食品。

任务实施 •

一、抹茶巧克力

抹茶巧克力（图 6-20），顾名思义，就是在巧克力中添加了抹茶，一般可分为生抹茶巧克力和熟抹茶巧克力。

（1）生抹茶巧克力：刚刚做好的巧克力，在还没有干硬时，放在盛有抹茶的容器里翻滚，使巧克力表面沾上充分的抹茶。这样的巧克力里面可以是各种不同的颜色，外面是绿色的。

（2）熟抹茶巧克力：在做巧克力的同时，把抹茶溶解于巧克力原料中，这样的巧克力整体是绿色的。

图 6-20　抹茶巧克力

1. 原料选择

白巧克力 120 g、鲜奶油 40 mL、抹茶 1 大勺。

2. 制作方法

（1）将鲜奶油倒入小锅，小火加热。

（2）白巧克力切小块，倒入加热后的鲜奶油，至白巧克力融化。

（3）倒入 1 大勺抹茶，搅拌均匀后，倒入方形容器中。

（4）放入冰箱冷藏 2 h 左右，凝固后切方块，均匀地沾上一层抹茶即可。

二、茶软糖

1. 原料选择

以茶汁浓缩液 100% 计，茶叶（红茶、绿茶、黑茶、乌龙茶均可）、卡拉胶 1.5%、琼脂粉 0.3%、明胶 8%、乙基麦芽酚 0.012 5%、柠檬酸 0.15%、白砂糖 70% 等。

2. 制作工艺

茶软糖制作工艺流程如图 6-21 所示。

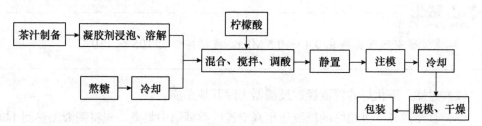

图 6-21　茶软糖制作工艺流程图

3. 主要操作要点

（1）茶汁制备。将 5 kg 水加热至 100 ℃，放入茶叶 250 g，沸腾熬煮 2 min，过滤；再用 100 mL 沸水过滤两次，合并三次过滤的茶汤，备用。

（2）熬糖。将白砂糖和麦芽糖浆混合后加入规定的水先进行溶糖，再用加温进行熔糖，至白糖颗粒完全熔化为止。

（3）胶体的溶解。将各种食用胶按照配料表称重后加入规定的茶浓缩液进行室温浸润 4 h，使其充分吸水溶胀，再在 60～80 ℃ 条件下水浴溶解，充分溶解后即可。

（4）混合、搅拌和调酸。在预冷的糖溶液中将各食用胶溶液逐一加入并不断搅拌，将茶汁浓缩液与乙基麦芽酚和柠檬酸溶液加入混合液中，充分搅拌。

（5）静置。目的是使搅拌过程中混入胶体溶液的气泡充分上浮消失，提高软糖的质量。

（6）注模。将静置后的糖胶混合液灌注于模型中，灌注时注意量要一致，动作要快，以保证软糖的均匀一致。

（7）冷却和脱模。冷却是为了使胶糖混合液凝固，脱模时一定要轻，切记不能使用锋利的工具撬，以免破坏软糖的外观。

4. 特点

按照此方法制作的软糖茶味浓郁、硬度适中，韧性十足，甜酸比合适。

三、茶硬糖

1. 原料选择

白砂糖、淀粉糖浆、柠檬酸、超微绿茶粉等。

2. 生产工艺流程

配料→溶糖→过滤→真空熬煮→调料→冷却→成型→冷却→挑选→包装→成品。

3. 操作要点

（1）溶糖。向化糖锅中加入约配方物料干固物总重的35%的水，倒入称量好的白砂糖和淀粉糖浆，然后打开蒸汽加热至糖料全部溶化。

> ☀ **小贴士**
>
> 溶糖过程中气压保持在 0.4～0.5 MPa，温度控制在 105～110 ℃。

（2）过滤。溶化好的糖液经过过滤器去除其他杂质。

（3）真空熬煮。过滤好的糖液送至真空连续熬糖锅中熬煮。先将糖液加热到 140 ℃以上，使糖液进入蒸发室中，熬煮蒸发至糖液剩余少量水分时，把真空度提高到 93.33 kPa，熬煮 3～4 min。然后将调配好的柠檬酸加入专用桶中，调节泵流量加入糖液中。

（4）冷却。通过调整揉糖钢带温度使糖膏冷却降温。

（5）成型。利用机械将糖膏拉成大小均匀、厚薄一致的糖条，然后用成型机进行硬糖的成型，成型好的糖粒需要再次冷却以确保不变形。

（6）挑选、包装。选出带有裂纹、气泡、可见杂质、缺角，颜色怪异、变形等不合格糖品。然后及时用包装机将绿茶硬糖密封包装好，并确定封口严实平整。

四、茶口香糖

1. 原料选择

普洱茶熟茶、胶基、蔗糖、甘油、碳酸钙。

2. 加工工艺流程

一种普洱茶风味口香糖加工工艺流程如图 6-22 所示。

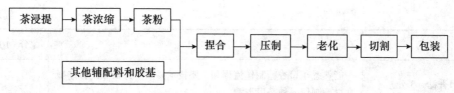

图 6-22 一种普洱茶风味口香糖加工工艺流程图

3. 主要操作要点

（1）普洱茶风味物质的浸提。将优选的普洱茶，用去离子水浸提，浸提温度为 85 ℃，浸提时间为 20 min，茶水质量比为 1∶65。

（2）普洱茶茶汁浓缩。向茶汁中加入 3% 的 $\beta-$ 环糊精，使用旋转蒸发仪在温度为 55 ℃、压力为 –0.08 MPa 的真空度下浓缩至原来体积的 5% 左右。

（3）普洱茶茶粉的生产。向浓缩茶汁中加入 3 倍原茶叶质量的白砂糖，搅拌溶解，再在 55℃、–0.09 MPa 真空度下对普洱茶浓缩汁真空干燥 7 h，用固体粉碎机粉碎，过 100 目筛。

（4）普洱茶口香糖的制作。取胶基 300 g，放入 60 ℃恒温水浴锅中软化 0.5 h。取白砂糖 300 g、木糖醇 300 g、普洱茶干粉 50 g，混合均匀，用固体粉碎机粉碎，过 100 目筛，作为配料粉待用。将软化的胶基和一半的配料粉末放入捏合机混合捏合 0.5 h，加入另一半配料粉末，同时加入甘油 3 mL，继续捏合至颜色均一，即为毛坯。将毛坯置于室温下冷却至 35 ℃左右，压制成条带形。继续冷却至室温，修整成一定形状，用蜡纸包装。

4. 特点

按此工艺生产的普洱茶风味口香糖色泽为棕红色，且均匀一致，具有普洱茶特有的发酵气息，香气持久。入口微凉，回味带甜，口味纯正，无异味，形态完整，有韧性。

任务评价 ●

内容	具体要求	评分（10分）
抹茶巧克力（3分）	能熟悉抹茶巧克力制作流程和主要技术要点，并根据配方选择食材，制作抹茶巧克力	
茶软糖（2分）	能熟悉茶软糖制作流程和主要技术要点，并根据配方选择食材，制作一种茶软糖	
茶硬糖（2分）	能熟悉茶硬糖制作流程和主要技术要点，并根据配方选择食材，制作一种茶硬糖	

续表

内容	具体要求	评分（10分）
茶口香糖（3分）	能熟悉茶口香糖制作流程和主要技术要点，并根据配方选择食材，制作一种茶口香糖	
本任务中的难点		
本任务中的不足		

● **巩固训练**

1. 叙述茶糖类产品的加工工艺流程及主要操作要点。

2. 分组练习，按照配方选择食材，自己动手制作 1～2 种茶糖类产品，相互品尝，并交流制作方法和经验。

3. 分组练习，创新开发 1～2 种茶糖类产品，相互品尝，并交流制作方法和经验。

◆ **拓展阅读** ◆

一、中国茶食新风尚

党的二十大报告提出"树立大食物观"的明确要求，树立大食物观，顺应"大健康"时代人民群众食品消费结构的变化趋势，在保障食物品种丰富与数量供给的基础上，改善居民膳食结构与营养供给，推动民众食品消费结构由"吃得饱""吃得好"向"吃得营养""吃得健康"转变，不断满足人民群众对食物多样化、精细化、营养化、生态化的膳食新需求。近年来，随着茶叶深加工技术的发展，以"茶"为原料融入产品创意，生产出的如茶绿豆酥、茶月饼、茶面条、茶豆腐特色含茶食品，满足了人们对"吃得健康"的膳食新需求。

二、茶叶在食品中运用的原则

1. 茶性与食物和谐搭配

茶性是指因为制作工艺的不同，使茶在味道及特性方面表现出来的差异，一般来说可以分为寒性、中性、温性。在制作茶食品的过程中，要根据茶叶自身的特点，合理选择与其搭配的食品，促进人类饮食健康。茶叶与食品搭配的基本原则为甜配绿、酸配红、瓜子配乌龙。

2. 茶的味道与食物味道契合

不同品种的茶，味道完全不同。在将茶叶融入食品中时，茶叶的味道与食物的味道必须是相容的，不能是相克的。茶叶与食物的味道相契合，茶食品的味道才会被人们接受，也可以促进人体对该食品的消化。

3. 符合地域饮食习惯

将茶叶融入食品需要符合该地区的饮食习惯。不同地区饮食习惯、口味等大不相同，需要根据各地区人的口味研究出符合该地区饮食习惯的茶食品，只有这样，茶食品才能被更多人接受和喜爱。

4. 注重茶食品的文化内涵

由于历史文化等原因，在我国的一些地方，茶叶与食品的配搭已经成为一种特定的习俗。在开发与制作茶食品时应加以重视，充分考虑文化因素，给予茶食品相应的文化内涵，在尊重当地居民生活习俗的基础上，促进茶食品的发展。

三、茶叶在食品中的作用

1. 去腥味、解油腻

茶叶中含有儿茶酸、茶叶碱等物质，能够很好地抑制腥味和油腻感，在烹饪时加入茶叶，可减少鱼、鸡等肉类食品的腥味和油腻感。

2. 赋予食品茶香

茶叶的香味广受青睐。通过对茶叶进行提取或加工，将相关物质添加到食品中，使茶叶的香气随之融入食品，使食品带有茶叶的风味，味道更加清香，别有一番滋味。

3. 提高食品的营养价值

茶叶中具有氨基酸、蛋白质、矿物质、维生素等多种有效营养成分，将茶叶与食品结合，茶叶的营养成分可融入食物，进而提高食物的营养价值。

4. 增强食品的保健功效

茶叶中含有多种营养成分，还含有茶多酚、茶氨酸、茶多糖等功能性成分，这些功能性成分随茶叶融入食物，增强了食品的保健功效。

5. 提高食品抗氧化能力

茶叶中含有的多酚类物质，是一种天然的抗氧化剂，这种物质随茶叶融入食品中，为食品提供了抗氧化能力，可以更大程度地保证食品的味道。

四、茶叶在食品中运用的注意事项

1. 茶叶品种的选择

茶叶的种类很多，不是所有种类的茶叶都可以用来做菜。一般来说，红茶、绿茶、普洱茶、乌龙茶可以用到食品中，但花茶不能运用到食品中。不同的茶叶有不同的做法。例如，绿茶的叶子比较嫩，吃起来口感比较好，所以可以直接入菜；乌龙茶和普洱茶要经过冲泡，再融入食品；铁观音可以用来做面食。总而言之，要根据茶叶的特点，找到适合的运用方式。

2. 茶叶数量的选择

在制作食品时，要严格把控各种原料的用量，原料的比例不正确，做出来的食品的味道会千差万别，茶食品也一样。放得太少，食品中就没有茶的香味，放得太多，食品又会过于苦涩，使顾客难以下咽。这就需要相关人员不断尝试，配制出合理的比例，最大限度发挥茶叶的香气和作用。

3. 茶叶与其他配料的搭配

食品在制作过程中必然会用到配料，需要注意其是否与茶叶相协调。茶叶的香气比较淡，因此，不能选择刺激味较强的香辛料作为配料。

4. 与茶叶搭配的食品的选择

食品的种类很多，不是所有的食品中都可以加入茶叶。例如，茶叶不能与黑木耳相搭配，黑木耳有很多的药用功效，含有丰富的铁质，能够有效治疗贫血，但与茶叶搭配，会降低人体对铁的吸收，进而引发贫血等疾病。因此，在选择与茶叶搭配的食品时，要充分考虑其是否协调。

思维导图

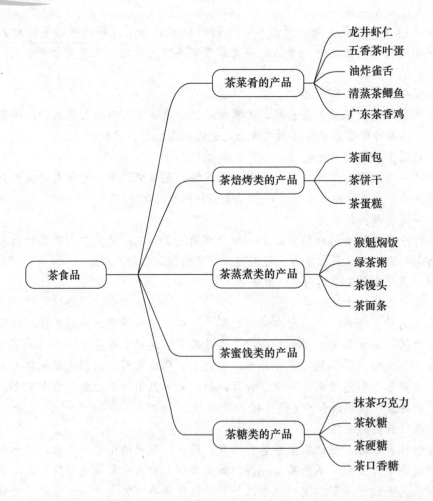

知识测评

一、复习思考题

1. 目前已开发了哪些茶食品？

2. 开发茶食品的注意事项有哪些？

3. 如何利用茶叶的特点开发有发展前景的特色茶食品？

二、实训题

1. 龙井虾仁制作流程有哪些？动手制作一盘龙井虾仁茶菜。

2. 茶面包制作流程和主要技术要点有哪些？以绿茶为原料，试动手制作一份绿茶面包。

项目七 茶日化用品——温和滋养的茶叶护肤

学习目标

【知识目标】

1. 掌握茶在日化用品中的应用。

2. 熟练制作并创新多种茶日化用品。

3. 熟练掌握制作不同茶日化用品的配方及操作要点。

【技能目标】

1. 能够掌握各类茶日化用品的有效配方及操作步骤。

2. 在熟练制作多种茶日化用品的基础上，能够自主创新茶日化产品。

【素质目标】

1. 通过茶日化用品的学习，培养学生的实践能力及创新精神。

2. 通过了解茶日化用品的加工工艺，培养学生精益求精的工匠精神。

导入语

含茶日化用品是挖掘利用不同茶制品抗氧化、消炎、杀菌、保湿美白等功效，经科学配伍、加工制作而成的日化用品。日化产品是指日用化学品，是人们日常使用的科技化学制品，包括洗发水，沐浴露，护肤、护发产品，洗衣粉等。2000年以来，国内的新技术逐步得到普及应用，含茶日化用品发展迅速，产品逐步呈现多样化及多地区发展的趋势。

本项目将从概念、分类、应用等方面详细介绍茶日化用品，加深同学们对茶日化用品的理解和应用。

任务开始前，大家可以以小组为单位通过网络资源调查了解，学习有关茶日化用品的基础知识，并进行讨论与归纳，为后续的实操做好铺垫。

基础知识

一、日化用品的概念

日化用品又称日用化学工业产品或日用化学品，简称日化。是指以某些化学品或天然产品为原料加工制造的，与人们日常生活相关的，以清洁、美化人与人的家居生活为目的的化工产品。

视频：认识茶日化用品

二、日化用品的分类

日化用品的分类如图 7-1 所示。

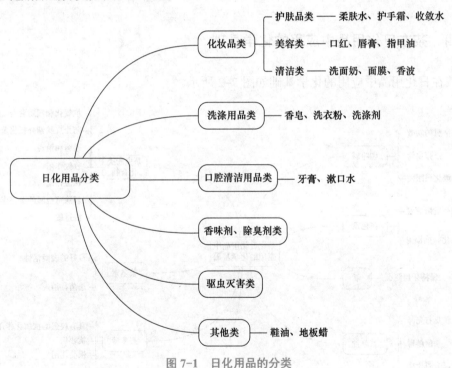

图 7-1　日化用品的分类

> ☀ 小贴士
>
> 　　我们还可根据日化用品的使用频率或范围将日化用品分为生活必需品、奢侈品；按照用途可分为洗漱用品、家居用品、厨卫用品、装饰用品、化妆品等。

三、茶在日化用品中的应用

茶在日化用品中的应用见表 7-1。

表 7-1　茶在日化用品中的应用

用途分类	举例
化妆品类	含茶润肤露、乳液、香波
洗涤用品	茶肥皂、茶洗手液
口腔用品	茶牙膏、含茶漱口水
香味剂、除臭剂	茶香水、茗香露

四、茶在日化用品中应用的化学基础

茶在日化用品中应用的化学基础如图 7-2 所示。

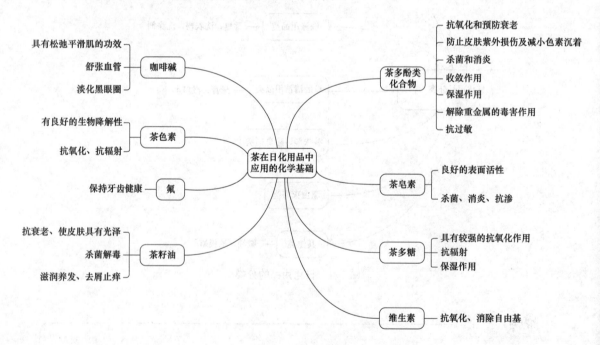

图 7-2　茶在日化用品中应用的化学基础

任务一 加工含茶化妆品

📍 **任务描述** ●

通过本任务的学习，学生在理解含茶化妆品概念和用途的基础上，有效掌握茶资源在化妆品中的应用及制作配方，便于学生自主研发含茶化妆产品。

视频：加工含茶化妆品

📍 **任务重点** ●

1. 理解含茶化妆品的基本概念。

2. 熟悉含茶化妆品的制作配方，并能够熟练掌握操作要点，动手制作不同类型的含茶化妆品。

3. 以此案例为基础，自主研发更多含茶化妆品产品。

📍 **任务实施** ●

含茶化妆品是指利用茶提取物研制出以涂抹、喷洒或其他类似方法，作用于人体表面的任何部位，以达到清洁、保养、美容、修饰和改变外观，或修正人体气味，保持良好状态为目的的化学工业品或精细化工产品（图7-3～图7-5）。

图7-3 茶籽护理油+凝露

图7-4 茶氨酸面膜

图7-5 茶氨酸眼霜

一、茶护肤霜的原料配方

茶护肤霜的原料配方见表7-2。

表 7-2　茶护肤霜的原料配方

组成	用量
辛酸／癸酸甘油酯（GTCC）	6%
二甲基硅油 DC -200	4%
棕榈酸异丙酯（IPP）	8%
挥发性硅油 DC-345	3%
十六十八醇	3.5%
羊毛脂	2%
甘油	8%
338	1.5%
339	2%
维生素 E	2%
透明质酸	0.1%
香精、防腐剂	适量
茶提取液	余量

二、茶护肤霜的制作流程

（1）茶提取物制备：取茶粉 200 g，加水 2 000 mL，在 80 ℃恒温水浴中搅拌提取 60 min，过滤；滤液用活性炭或活性白土脱色处理 30 min，过滤，即得茶提取液。

（2）将水和水溶性物质混合、溶解、加热至 85 ℃，为水相。

（3）将油和油溶性物质混合，加热至 85 ℃，为油相。

（4）将油相和水相混合，高速剪切乳化 5 min，再搅拌冷却至 50 ℃，加入防腐剂杰马 -BP、香精，搅拌混合均匀，即得产品。

三、茶护肤霜的功效

茶护肤霜具有抗衰老、抗氧化、加速细胞与组织再生，帮助肌肤恢复健康屏障功能，可在深层补水的同时保湿锁水，使肌肤持久保持清爽、湿润及光泽。

任务评价

内容	具体要求	评分（10分）
茶化妆品的概念（2分）	能掌握茶化妆品的基本概念	
茶护肤霜的原料配方（2分）	能熟悉制作茶护肤霜所需原料及具体配比	
制作茶护肤霜的操作流程（4分）	明确制作茶护肤霜的具体操作流程及要点	
茶护肤霜功效（2分）	能了解茶护肤霜的基本功效及价值	
本任务中的难点		
本任务中的不足		

● **巩固训练**

1. 讨论含茶化妆品的分类与功能。
2. 掌握制作茶护肤霜的配方和加工流程。
3. 学生自己动手制作出符合标准的含茶护肤霜。
4. 自主学习含茶护手霜的加工工艺，并动手制作。

任务二　加工茶洗涤用品

任务描述

　　通过本任务的学习，学生在理解茶洗涤用品内质原理和用途的基础上，有效掌握茶资源在洗涤用品中的应用及制作配方，便于学生自主研发更多的茶洗涤产品。

视频：加工茶洗涤用品

任务重点

1. 理解茶洗涤用品的内质原理及功效。
2. 正确使用茶洗涤用品的配方，制作各类茶洗涤用品。
3. 在已有的案例配方上进行创新，自主研发茶洗涤类新产品。

一、内质原理

茶叶中所含茶皂素是一种性能优良的天然表面活性剂，具有性能柔和、水溶液呈微酸性、易清洗等特点。茶皂素直接用于洗涤毛纺织物，可保持织物的天然色泽，剥色能力小，色彩艳丽，且具有保护织物、防缩水的作用。茶皂素与化学合成的表面活性剂复配后，去污能力显著增强，洗涤效果良好。现在茶皂素大多用于制备高档毛纺品、丝织品的洗涤用品（图 7-6 ～图 7-8）。

图 7-6　绿茶洗洁精

图 7-7　茶皂素洗衣液

图 7-8　茶树油香皂

二、茶香皂的加工原料（按质量计）

茶香皂的加工原料见表 7-3。

表 7-3　茶香皂的加工原料

组分	用量
皂基	74.5% ～ 90.0%
茶多酚	0.2% ～ 8.0%
茶叶细末	1.0% ～ 2.0%
蜂蜜	1.0% ～ 4.0%
麦饭石	0.5% ～ 3.0%
玻尿酸	0.2% ～ 2.0%
水解胶原蛋白	0.2% ～ 2.0%
糖苷	1.0% ～ 4.0%
柿子单宁	0.5% ～ 1.5%

三、茶香皂的制作流程

（1）皂基制备：在常温下把橄榄油 250 g、棕榈油 250 g、椰子油 250 g 在不锈钢锅中搅拌均匀，再将 150 g 纯水慢慢加入 150 g 氢氧化钠中，搅拌至氢氧化钠溶解，待氢氧化钠溶液冷却至 25 ℃以下，将冷却后的氢氧化钠溶液慢慢加入不锈钢反应锅。氢氧化钠与油脂在不锈钢锅内充分搅拌均匀，并按每 5 min 升 1 ℃的速度直至 70 ℃，保温 60 min，皂化反应形成浓乳化液，最后加酸调整 pH 值为 6.5 ～ 8.0，此时皂基制作基本完成。

（2）茶皂制备：向皂基中加入乙二胺四乙酸（EDTA），降温至 50 ℃，依次加入茶多酚、茶叶细末、蜂蜜、麦饭石、玻尿酸、水解胶原蛋白、糖苷、柿子单宁、氧化铝、马油、角鲨烯、水解丝蛋白、活性炭、黄芩提取物、芦荟提取物等。不断搅拌混合物制成具有洁肤、护肤作用的固体茶皂压模原料，再用机器压模成型，茶皂脱模后，堆放在室内阴干后再包装。

四、茶香皂的功效

茶香皂不仅具有洁肤功能，而且具有抗菌消炎、收敛毛孔、活化细胞、高度保湿、抗氧化的功效。在去除皮肤污垢的同时，在皮肤上留下一层具有营养成分的透明保护层。

任务评价 ●

内容	具体要求	评分（10分）
茶洗涤用品的内质原理（2分）	能掌握茶洗涤用品的内质原理，茶皂素的功效	
茶香皂的加工原料（2分）	能熟悉制作茶香皂所需原料及具体配比	
制作茶香皂的操作流程（4分）	明确制作茶香皂的具体操作流程及要点	
茶香皂的功效（2分）	能了解茶香皂的基本功效及价值	
本任务中的难点		
本任务中的不足		

● **巩固训练**

1. 掌握制作茶香皂的配方和加工流程。
2. 学生自己动手制作出符合标准的茶香皂。
3. 借助课外资料自主学习茶皂素洗衣液的加工工艺，并动手制作。

任务三　加工茶口腔清洁用品

📍 任务描述 ●

通过本任务的学习，学生在理解含茶牙膏概念和用途的基础上，有效掌握茶资源在人类日常口腔清洁用品中的应用及制作配方，便于学生自主研发更多含茶的口腔清洁产品。

视频：加工其他
含茶用品

📍 任务重点 ●

1. 理解含茶牙膏的基本概念。

2. 熟悉不同茶口腔清洁用品的制作配方，能够熟练掌握操作要点，并动手制作各种茶口腔清洁用品。

3. 在已有的配方上进行创新，自主研发多种茶口腔清洁产品。

📍 任务实施 ●

牙膏是一种必需日用品，与牙刷一起用于清洁牙齿，保护口腔卫生。牙膏品种较多，可分为普通牙膏、含氟牙膏、药物牙膏三类。药物牙膏是指在普通牙膏中加入某些药物成分，使牙膏具有药物的治疗作用。含茶牙膏就是一类含有茶叶提取物或茶叶功能成分的牙膏，属于药物牙膏范畴。同时，茶叶中所含的茶多酚具有很强的杀菌、洁齿、去口臭的作用（图7-9、图7-10）。

图7-9　含茶漱口水

图7-10　绿茶牙膏

一、茶盐牙膏的原料（按质量计）

茶盐牙膏的原料见表7-4。

表 7-4 茶盐牙膏的原料

组分	用量
茶盐	0.1% ~ 25.0%
茶多酚	0.01% ~ 1.00%
摩擦剂	20% ~ 50%
保湿剂	10% ~ 35%
表面活性剂	1.0% ~ 2.0%
增稠剂	0.5% ~ 1.5%
甜味剂	0.01% ~ 1.00%
防腐剂	0.15% ~ 0.75%
香精	0.3% ~ 1.5%
水	20% ~ 40%

（1）摩擦剂：碳酸钙、磷酸氢钙、水合二氧化硅、二氧化硅、氢氧化铝、方解石、磷酸二钙、水合磷酸二氢钙、焦磷酸钙、水合硅酸中的一种或几种。

（2）保湿剂：甘油、山梨醇、木糖醇、聚乙二醇、丙二醇中的一种或几种。

（3）表面活性剂：十二醇硫酸钠、月桂醇硫酸钠、2-酰氧基键磺酸钠、聚氧乙烯 - 聚氧丙烯缩聚物中的一种或几种。

（4）增稠剂：羧甲基纤维素、鹿角果胶、羟乙基纤维素、黄原胶、瓜尔胶、角叉菜胶、汉生胶中的一种或几种。

（5）甜味剂：环己胺磺酸钠、糖精钠、天冬甜精中的一种或几种。

（6）防腐剂：山梨酸钾盐、苯甲酸钠、对羟基苯甲酸酯类、苯甲酸、丙酸、山梨酸中的一种或几种。

二、茶盐牙膏的制作流程

（1）茶盐的制备：将茶与盐按比例 1 : 10 ~ 1 : 20 混合，在 900 ~ 1 100 ℃煅烧 22 ~ 26 h，其间的煅烧过程共反复 8 次，第 9 次煅烧时将温度提高到 1 500 ~ 1 600 ℃，使盐熔化，将熔化冷却后的盐块粉碎，过 150 目筛得茶盐。

（2）将甜味剂、茶盐、茶多酚溶解于适量水中。

（3）将增稠剂在高速搅拌下分散在保湿剂中。

（4）分散好的保湿剂，再加入适量的水，经快速搅拌器搅拌 10 ~ 15 min。

（5）加入摩擦剂、表面活性剂，在真空状态下快速搅拌。

（6）加入防腐剂、香精，在真空状态下调整搅拌 15 ~ 20 min，出膏前真空度不低于 0.085 MPa。

（7）脱气、灌装、包装。

三、茶盐牙膏的功效

茶盐牙膏对牙齿和牙周组织具有预防龋齿,辅助治疗牙龈炎、牙周炎等疾病,去除口腔异味,美白牙齿等功效,且该牙膏对人体无毒副作用。

任务评价 ●

内容	具体要求	评分(10分)
含茶牙膏的概念(2分)	能掌握含茶牙膏用品的基础概念、分类、内质原理	
茶盐牙膏的加工原料(2分)	能熟悉制作茶盐牙膏所需原料及具体配比	
制作茶盐牙膏的操作流程(4分)	明确制作茶盐牙膏的具体操作流程及要点	
茶盐牙膏的功效(2分)	能了解茶盐牙膏的基本功效及价值	
本任务中的难点		
本任务中的不足		

● 巩固训练

1. 简述含茶牙膏的功效及化学原理。
2. 掌握制作茶牙膏的配方和加工流程。
3. 学生自己动手制作出符合标准的茶牙膏。
4. 借助课外资料自主学习含茶漱口水的加工工艺,并动手制作。

任务四　加工含茶多酚的空气净化剂

任务描述 ●

通过本任务的学习,学生在理解含茶多酚空气净化剂制作的基本原理和用途的基础上,有效掌握茶资源在空气净化剂中的应用及制作配方,便于学生自主研发更多含茶的空气净化剂产品。

任务重点

1. 理解含茶多酚空气净化剂制作的基本原理。

2. 熟悉不同含茶多酚空气净化剂用品的制作配方，并能够熟练掌握制作要点，动手制作各种含茶多酚空气净化剂。

3. 在已有的配方上进行创新，自主研发多种含茶的空气净化剂产品。

任务实施

一、含茶多酚空气净化剂的内质原理

茶多酚的酚羟基可与臭气中的甲醛、氨基、硫醇键、羧基等反应，促使其分解，从而具有净味、除甲醛等功效，且大部分产品含茶多酚增效茶片含水率较低，茶多酚等功效物质被包裹在其中，使用前不会因与空气接触而失效。该空气净化剂方便在车内、办公室、卧室等环境中使用（图7-11～图7-13）。

图7-11　白茶香薰　　　　图7-12　茶香空气香氛　　　　图7-13　茶多酚净化膏

2. 含茶多酚空气净化剂的原料（按质量计）

含茶多酚空气净化剂包括含茶多酚的增效茶片和空气净化凝胶。含有茶多酚的增效茶片为水速溶型茶片；空气净化凝胶为含有精油的固体空气净化凝胶。

茶多酚的增效茶片组分见表7-5。

表7-5　茶多酚的增效茶片组分

组分	用量
成膜剂壳聚糖	10%
充填剂高岭土	10%
绿茶提取液与艾叶提取液的混合物（1∶1，质量比）	0.01%

组分	用量
色素	1%
表面活性剂硬脂酸钠	15%
水	余量

空气净化凝胶组分见表7-6。

表7-6 空气净化凝胶组分

组分	用量
凝胶粉（卡拉胶）	0.5%
精油（姜精油）	0.01%
香精	8%
增溶剂（氢化蓖麻油CO-40）	1%
水	余量

3. 含茶多酚空气净化剂的制作流程

（1）制备含茶多酚的增效茶片：将称量好的成膜剂溶于水，依次加入充填剂、表面活性剂、含茶多酚的除臭添加物、精油、色素，搅拌均匀，经压片成型、高温干燥，即完成制备。

（2）制备空气净化凝胶：将称量好的凝胶粉溶于80～100 ℃水中，依次加入香精、精油和增溶剂，搅拌均匀，然后注入容器，冷却成型。

（3）分别将步骤（1）所得含茶多酚的增效茶片与步骤（2）所得的空气净化凝胶进行包装，即为含茶多酚空气净化剂。

小贴士

使用时，将含茶多酚的增效茶片放于空气净化凝胶表面，茶片与凝胶接触后，保护层缓慢与凝胶融为一体，释放出茶多酚等功效除臭成分，增加空气净化凝胶的空气净化能力。

习近平总书记指出："要在全社会弘扬精益求精的工匠精神，激励广大青年走技能成才、技能报国之路。"在茶日化用品的开发中应该不断创新探究，勇于实践；在加工过程中养成严谨规范、精益求精的工匠精神，努力做能报效国家的技能人才。

4. 含茶多酚空气净化剂的功效

含茶多酚空气净化剂的制备方法简单，容易操作，所制得的含茶多酚空气净化剂能有效净化空气中的甲醛、苯等有害气体，且具有良好的杀菌作用。

⚲ **任务评价** ●

内容	具体要求	评分（10分）
含茶多酚空气净化剂的内质原理（2分）	能掌握含茶多酚空气净化剂的基本概念和内质原理	
制作含茶多酚空气净化剂的原料（2分）	能熟悉制作含茶多酚空气净化剂所需原料及具体配比	
制作含茶多酚空气净化剂的操作流程（4分）	明确制作含茶多酚空气净化剂的具体操作流程及要点	
含茶多酚空气净化剂的功效（2分）	能了解含茶多酚空气净化剂的基本功效	
本任务中的难点		
本任务中的不足		

● **巩固训练**

1. 简述茶香味剂及除臭剂的功效及化学原理。
2. 掌握制作含茶多酚空气净化剂的配方和加工流程。
3. 学生自己动手制作出符合标准的含茶多酚空气净化剂。
4. 借助课外资料自主学习茶香薰的加工工艺，并动手制作。

◆**拓展阅读**◆

　　茶多酚是一类存在于茶树中的多元酚混合物，具有明显的抗辐射、抗衰老、清除过剩自由基、抑菌、抗病毒、消除异味等作用。国内外学者对茶多酚的急性毒性、亚急性毒性、亚慢性毒性、污染物致突变性检测、抗突变与抗癌变试验、微核试验等毒理学内容进行了研究，结果表明，茶多酚是一种毒性很低、无副作用、安全性好的天然添加剂，符合食品添加剂的毒理学和安全性评价的要求。

　　目前，以茶多酚为原料研制而成的日化产品有洗面奶、爽肤水、乳液、面霜、沐浴液、洗发水、牙膏、除臭剂等。茶多酚在日化行业的生产已初具规模，国内外已有一些厂家对其进行工业化生产应用。

📍 **思维导图** •

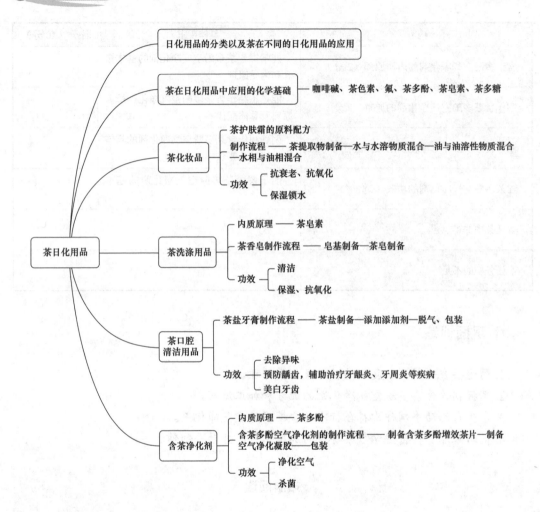

📍 **知识测评** •

一、选择题

1. 茶香皂属于（   ）品类。

    A. 化妆品　　　　　　B. 洗涤用品　　　　　C. 口腔用品　　　　　D. 香味剂

2. 下列不属于制作茶护肤霜的原料的是（   ）。

    A. 棕榈酸异丙酯　　B. 维生素E　　　　　C. 茶提取液　　　　　D. 麦饭石

3. 茶洗涤用品主要利用的内质是（   ）。

    A. 咖啡碱　　　　　　B. 茶皂素　　　　　　C. 茶多糖　　　　　　D. 维生素

4. 下列不属于茶盐牙膏功效的是（   ）。

    A. 治疗牙周炎　　　B. 美白牙齿　　　　　C. 去除口腔异味　　D. 防止牙齿脱落

5. 下列不属于茶日化用品的是（　　）。

　　A. 茶牙膏　　　　　　B. 茶面膜　　　　　　C. 茶香水　　　　　　D. 茶膏

二、实训题

1. 在实操过程请列举一个您创新的茶日化用品配方。

2. 不同茶日化用品加工过程中有哪些需要重点注意的方面？完成不同茶香皂及茶牙膏的制作。

项目八 茶疗——舒缓身心的茶叶疗愈

学习目标

【知识目标】

1. 理解茶疗、药茶和保健茶的概念。

2. 掌握茶疗的应用方法、保健茶的分类。

3. 了解现代药茶产品。

【技能目标】

1. 能够进行药茶冲剂的加工。

2. 能够掌握保健茶开发的原则。

3. 能够独立进行袋泡型保健茶的加工。

【素质目标】

1. 通过学习茶疗、药茶和保健茶的概念，提高学生的理解和分析能力。

2. 通过学习袋泡型保健茶的加工，提高学生的实践能力。

3. 通过学习现代药茶产品，培养学生的产品开发和创新能力。

导入语

　　毛泽东主席曾指出"中国医药学是一个伟大宝库，应当努力发掘，加以提高"。习近平总书记高度评价中医药的作用和地位，表示"中医药学包含着中华民族几千年的健康养生理念及其实践经验，是中华文明的一个瑰宝，凝聚着中国人民和中华民族的博大智慧"。茶叶从药用开始，发展至今，茶疗、药茶和保健茶作为中医的一部分仍然发挥着巨大作用。

　　党的二十大报告指出，增强中华文明传播力影响力，坚守中华文化立场，讲好中国故事、传播好中国声音，展现可信、可爱、可敬的中国形象，推动中华文化更好地走向世界。

　　本项目将从概念、应用方法及现代药茶等方面详细介绍茶疗，加深同学们对茶疗的理解和应用。

任务开始前，大家可以以小组为单位通过网络资源调查了解，学习有关茶疗的基础知识，并进行讨论与归纳，为后续的实操做好铺垫。

基础知识

一、茶疗的概念

茶疗就是利用茶叶的药性，或单独使用，或与其他中药配合使用，使其发挥日常保健和防病治病的功效。

二、茶疗的应用方法

茶疗覆盖的范围比较广泛，效果显著，它属于天然饮品，可以长期服用而不会产生副作用。茶疗的应用方法也是多种多样的，大体上可以将其分为内服、外用两种不同的应用方法。

1. 内服

内服就是将茶叶或药剂，以固体或液体的形态采用口服的方式应用。茶叶或煎熬或用开水冲泡，得到的汤汁便可以直接服用。还有一种含服的方法，就是将茶汤含在口中，并不是很快咽下，而是缓慢地、自然地下咽。然后再含一口，再咽，反复进行。

2. 外用

外用是将药剂涂抹于皮肤或黏膜表面来达到治疗效果的一种方法，它的使用位置可以与针灸学上的穴位一致，从而达到治疗疾病的目的。其方法有以下五种。

（1）漱口：用茶水漱口不仅能够坚固牙齿、清洁口腔，并且对口臭症状也有很好的治疗作用。

（2）吹鼻：这种方法与吹喉的方法相同，即将药粉吹入鼻腔之中，以治疗头晕目眩等症状。民间使用时，也经常将茶树种子裹入棉花球中，再把棉花球塞进鼻腔内，这两种方法的效果大致相同。

（3）熏洗：将茶叶和药物混合后，可以作为熏洗的原料。这种方法多适用于局部。如眼睛、脚部、头发等不同的部位，使用不同的配方。

（4）调敷：一般用于治疗皮肤疾病。可以将茶叶研磨成粉末状，然后调和成液体单用，或加入蜂蜜、生油等物质调和均匀，外敷于患处。这样能够治疗皮肤上的疾病，用茶叶制成的面膜可以美白、养颜。

（5）撒末：将研磨成的粉末直接撒在伤口处，起到一定的治疗效果。

三、现代药茶

1. 茶多酚软膏

茶多酚软膏由 10% 的绿茶儿茶素和 90% 的赋形剂组成，利用绿茶儿茶素本身抗氧化及增加免疫力的特性，达到刺激患者局部免疫力，抑制病毒复制感染正常细胞，使病变的皮肤基本回到正常状况。茶多酚软膏为尖锐湿疣和其他皮肤病，提供了新的治疗手段。

2. 茶色素胶囊

茶色素胶囊由茶色素干浸膏组成，具有清利头目、化痰消脂的功效，用于具有痰瘀互结引起的头目眩晕、胸闷胸痛、高脂血症、冠心病、心绞痛、脑梗死等症候者。

3. 复方茶多酚漱口液

复方茶多酚漱口液是以茶多酚为主要原料研制而成的口腔护理类药品，对口腔有较好的抑菌、杀菌作用，具有独特的预防和治疗性能，并能清新口腔气味。

任务一　加工药茶

任务描述

通过学习掌握药茶的概念、特点和分类，能够进行冲剂型药茶的加工。

视频：加工药茶

任务重点

掌握粉末型和颗粒型药茶的加工方法。

任务实施

一、药茶的概念

药茶，顾名思义，即用茶或含茶药物供饮用防治疾病的茶方。其制剂是含有茶叶或不含茶叶的中草药经晒干或经粉碎混合而成的粉末或块状制品，在饮用时仅以沸水冲泡或稍加煎煮即可饮用。

二、药茶的特点

药茶是中医临床防病治病、强身益寿的特殊中药剂型，在选方、配伍、用法、制备、疗效等方面均有特色。

1. 组方取长补短，配伍简洁

药茶的每一处方配伍，一般精选 1～2 味主药或采用药对、古方、验方，具有配方简单、方便使用的优点。

2. 药力专一

茶剂选药配伍在注重处方简单的前提下强调药力专一，对某一症状针对性强。

3. 饮用方便

传统的中草药服用方法较为复杂，随着现代生活节奏的加快，成品药茶多采用方便携带、饮用简单的产品形式。即冲即饮，以药代茶，或甘甜爽口，或苦中回甘，其中日益盛行的广州凉茶就是很好的例证。

4. 疗效稳定

药茶由于粉碎后增加了有效面积，使其在水中的溶出率大为提高，保持了药用有效成分，使其临床疗效稳定、作用持久。

三、药茶的分类

1. 按照原料组分分类

按照原料组分分类，药茶可分为单味茶、茶加药、代茶三种。

（1）单味茶，只有一种原料，故又称为"茶疗单方"，如单独饮用菊花、罗汉果等。

（2）茶加药，属于中医药中配伍其他药物而成的"复方"，故又称"茶疗复方"。配伍规律主要与"同类相需"和"异类相使"有关。

（3）代茶，实际上组方中并没有茶，只是采用饮茶形式而已，故又称为"非茶之茶"。

2. 按照功效分类

按照功效分类，药茶的种类有很多，常见的有下面几类。

（1）提神：如枸杞子、淫羊藿、沙苑子、五味子、山芋肉等制作的提神茶。

（2）安神：如用黑豆、浮小麦、莲子、红枣等制作的麦豆宁神茶。

（3）明目：如用枸杞子、杭菊等制作的杞菊明目茶。

（4）清头目：如苦丁茶。

（5）止渴生津：如用西瓜皮、冬瓜皮、天花粉制作的双瓜花粉茶。

（6）清热：如用人参须、麦冬、熟地制作的参须清热茶。

（7）消暑：如用金银花、菊花制作的菊花消暑茶。

（8）解毒：如用白竹、双兰等制作的白竹解毒茶。

（9）消食：如用神曲、山楂、陈皮等制作的健胃消食茶。

（10）醒酒：如用葛根、砂仁、绿茶等制作的醒酒养肝茶。

（11）去肥：如用橘皮、茶叶制作的橘皮茶。

（12）下气：如用款冬花制作的款冬花茶。

（13）利水：如用红茶、红糖制作的利水茶。

（14）通便：如用火麻仁、决明子、桑甚子、莱菔子制作的老人通便茶。

（15）治痢：如用马齿菜制作的马齿治痢茶。

（16）去痰：如乌龙茶。

（17）祛风解表：如用荆芥、绿茶制作的疏风解表茶。

（18）坚齿：如铁观音茶。

（19）治心痛：如用青茶、茉莉花、石菖蒲制作的茉莉加味茶。

（20）疗疮治瘘：如野菊花茶。

（21）益气力：如用浓茶、牛奶、糖制作的牛奶茶。

（22）延年益寿：如用灵芝、蜂蜜制作的灵芝茶。

3. 按照加工的剂型分类

药茶常见的剂型有汤剂（又称水剂）、丸剂、袋泡剂、散剂等。

（1）汤剂。汤剂是将茶叶与其他中草药或与食物配伍，放入砂锅，加水煎汤，通常药渣反复煎 2～3 遍，合并煎液，过滤入热水瓶，代茶频饮。或将所需原料放入茶杯或热水瓶，用沸水沏入，搅拌均匀，盖好后焖 5～20 min 后，即可如茶饮服，倒数次沸水至味淡为止。

（2）丸剂。丸剂是将药茶方中诸味药料粉碎成细末，搅拌均匀，以炼蜜、稀面糊或浓茶汁等，将之黏合成团块，再分成小块或丸粒，置通风处晾至微干，再晒干或低温烘干，最后以防潮性能较好的纸张分块包装，置密闭容器内，或包装后放于石灰缸内贮存。使用时，按需要冲泡或煎煮后以代茶饮。此种形式药茶多用于急、重之症，如急性咽喉炎、高热、癫痫等，由于药茶中有攻腹猛泻之品，如大黄等，唯恐伤了正气，故以丸的形式来缓和药性，而药效又不受影响。

（3）袋泡剂。将茶叶或药茶方中诸药研碎成粗末，以滤泡纸或纱布袋分装成 3～6 g 的小包，贮存于干燥处，需要时以沸水冲泡即可。此种茶剂是当今最流行的药茶剂，在市场茶叶商店均有销售。如治风热感冒的"夏桑菊茶"，理气开胃的"六和茶""板蓝根冲剂"等。

（4）散剂。散剂是将茶叶或药茶方中诸药研碎成末后，用来直接冲服或调服，但多外用于皮肤科和外科疾病，如去癣腊茶散、倍子茶调散等。

四、药茶加工的工艺流程

1. 药茶粉末型冲剂加工流程

药茶粉末型冲剂加工流程如图 8-1 所示。

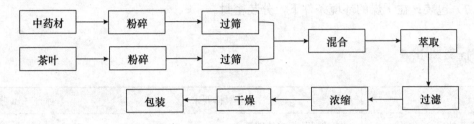

图 8-1　药茶粉末型冲剂加工流程

操作要点如下：

（1）备料：将已备好的茶叶及中草药检验真伪后，准确称量。

（2）粉碎：分别将茶叶、中草药粉碎后通过同样大小的筛孔。

（3）混合：按照组方的比例分别称量中草药和茶叶，进行混合。

（4）萃取：混合后的原料按一定比例加水萃取。

（5）过滤：萃取后茶药汁过滤，去渣留汁。

（6）浓缩：茶药汁转入浓缩设备，使水分蒸发到 2/3 左右。

（7）干燥：将浓缩后的汁液，进行真空干燥、喷雾干燥或冷冻干燥。

（8）包装：将干燥完成的冲剂立刻包装，避免吸潮结块。

2. 颗粒型冲剂加工

颗粒型冲剂是将茶叶及中药材的萃取液辅以有关物料加工成颗粒状，如茶多酚冲剂。

（1）原料选择：茶多酚、糖粉、着色剂、香精、薄荷脑。

（2）加工流程如图 8-2 所示。

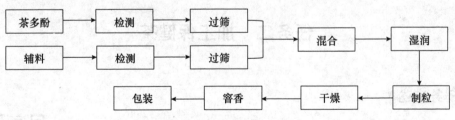

图 8-2　颗粒型冲剂加工流程

（3）操作要点。

1）备料：将主料和辅料通过 60 目筛孔，使原辅料大小均匀。

2）混合：准确称取主料和辅料，进行混合，充分搅拌。

3）湿润：称取液体物料，倒入混合料中，充分搅拌，备用。

4）制粒：将湿润后的物料徐徐加入有关药液，制成软料。要求手捏成团，轻压即

开。软料最后用 14 目筛子制粒。

5）干燥：将制粒料放入恒温箱内，以 60 ℃左右的热风烘干。约 10 min 左右翻一次，干燥至含水量 3%～5%。

6）窨香：干燥后的颗粒，让其冷却，混入油液，密封 48 h，经检验后即为成品。

7）包装：在干燥的环境条件下，分装密封。

◉ 任务评价 ●

项目	具体要求	评分（10 分）
药茶的概念（2 分）	能掌握药茶的基础概念	
药茶的特点（2 分）	能掌握药茶的组方和饮用特点	
药茶的分类（2 分）	清楚药茶按照原料、功效和剂型的分类方法	
药茶的加工工艺（4 分）	掌握药茶粉末型冲剂和颗粒型冲剂的加工过程	
本任务中的难点		
本任务中的不足		

● 巩固训练

1. 通过本任务的学习，简要说明药茶的组方规律。

2. 根据以上所学步骤制作标准化的颗粒型菊花绿茶。

任务二　加工保健茶

◉ 任务描述 ●

理解保健茶的定义和开发原则，掌握直接拼配型保健茶的工艺流程。

视频：加工保健茶

◉ 任务重点 ●

掌握直接拼配型保健茶的工艺流程和操作要点。

任务实施

一、保健茶的定义

保健茶是指应用茶剂的形式，加入既是药品又是食品的规定成分，加工而成具有良好的口感、安全、卫生、快速、方便的剂型，且对身体有保健功能的茶制品。

二、保健茶开发的原则

（1）保健茶是介于饮料与中药之间并具有一定保健、养生作用的茶制品。

（2）保健茶要尽量使其在较大程度上保持色、香、味，与添加的既是食品又是药品的天然植物有效地拼在一起。

（3）保健茶中选用的天然植物，必须符合国家卫生部发布的相关的规定，历史和现代有与茶叶配伍的记载和应用。

（4）保健茶采用配制的方法力求符合中医理论指导进行配制。

（5）保健茶的原料应该参考《中华人民共和国药典》规定的最低用量作为最高用量。

（6）保健茶的原料来源应相对稳定。

（7）保健茶中各组分应有成熟的提取方法，以便于加工成不同剂型。

（8）保持保健茶相对固有特性，符合饮料从止渴向营养保健和特殊需求方向发展的规律。

三、保健茶的分类

在众多保健茶的产品形态中，袋泡型和固体速溶型保健茶是最为常见的。保健茶的分类如图 8-3 所示。

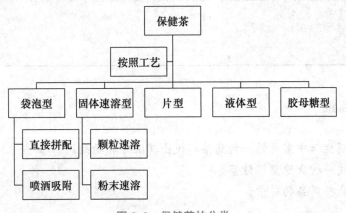

图 8-3 保健茶的分类

四、保健茶的加工

1. 直接拼配型保健茶工艺流程

直接拼配型保健茶加工工艺流程如 图 8-4 所示。

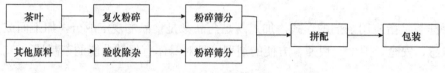

图 8-4　直接拼配型保健茶加工工艺流程

2. 直接拼配型保健茶制作要点

（1）茶叶要经过复火处理，以保证茶叶含水量小于 6.5%。

（2）复活后的茶叶经粉碎后，先过 10 ～ 15 目筛，再用 60 目筛隔末。

（3）配料要验收后，剔除除杂，先过 10 ～ 15 目筛，再用 60 目筛隔末。

（4）茶粉与配料按照比例拼配。

◉ 任务评价 ●

项目	具体要求	评分（10分）
保健茶的概念（2分）	能掌握保健茶的基础概念	
保健茶开发的原则（2分）	能理解保健茶开发的基本原则	
保健茶的分类（2分）	清楚保健茶的分类方法	
直接拼配型保健茶的加工工艺（4分）	掌握直接拼配型保健茶的加工过程	
本任务中的难点		
本任务中的不足		

● 巩固训练

1. 举例说明生活中常见的一种药茶，说出其配方和功效。

2. 独立开发一种袋泡型保健茶。

3. 浅谈现代茶药品的前景。

◆ **拓展阅读** ◆

在东汉时期，饮茶区域已经从巴蜀之地扩展到安徽、江苏及长江以南地区。在茶品药效上，与其他前期或同时期的文献不区分茶品只言茶不同，《桐君采药录》是最早以地域分类记录不同茶品兼谈药效的代表，其言："巴东间别有真茶，火熰作卷结，为饮亦令人不眠，恐或是此。"说明巴东地区茶饮用有不眠的功效。三国两晋时期产茶区域在继承中有所拓展。《广雅》为三国时期魏国张揖所撰。《广雅》云："荆、巴间采叶作饼，叶老者，饼成以米膏出之。欲煮茗饮，先炙令赤色，捣末置瓷器中，以汤浇，覆之，用葱、姜、橘子芼之。其饮醒酒，令人不眠。"

◉ **思维导图** ●

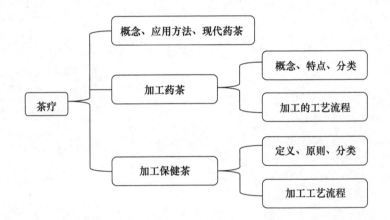

◉ **知识测评** ●

一、选择题

1. 关于药茶的特点，下列说法错误的是（　　）。

A. 组方取长补短，配伍简洁

B. 药力全面

C. 疗效稳定

D. 饮用方便

2. 药茶粉末型冲剂的加工，在包装前进行的操作是（　　）。

　　A. 干燥　　　　　B. 浓缩　　　　　C. 过滤　　　　　D. 混合

3. 直接拼配型保健茶的加工过程中，茶叶要经过复火处理，以保证茶叶含水量小于（　　）。

　　A. 2%　　　　　B. 3%　　　　　C. 4%　　　　　D. 6.5%

4. 下列不属于现代茶药品的是（　　　）。

　　A. 茶多酚软膏　　　　　　　　　　B. 茶色素胶囊

　　C. 茶膏　　　　　　　　　　　　　D. 复方茶多酚漱口液

5. 关于保健茶开发的原则，下列说法错误的是（　　　）。

A. 保健茶就是饮料

B. 原料必须是药食同源

C. 符合中医理论指导

D. 保持保健茶相对固有特性

二、实训题

1. 根据茶叶复火和粉碎的注意事项，进行乌龙茶复火粉碎实操。

2. 红茶毛茶除杂、分级的手工操作实训。

参 考 文 献

[1] 张正竹. 茶叶生物化学实验教程［M］. 北京：中国农业出版社，2009.

[2] 叶秋莹，黄宏浩，宋飞，等. 超微红茶粉的理化性质和抗氧化活性的研究 [J]. 现代食品，2021（03）：210-214.

[3] 李博桢. 超微茶粉感官品质和理化性质研究及其应用 [D]. 浙江农林大学，2016.

[4] 徐颖，乔薪蓓，贾娟. 我国袋泡茶的种类及发展对策 [J]. 中国果菜，2022，42（07）：80-84.

[5] [韩] 李相旼. 招牌茶饮 101［M］. 王子衿，译. 北京：北京科学技术出版社，2020.

[6] 张士康，陈燚芳. 调饮茶理论与实践［M］. 北京：中国轻工业出版社，2021.

[7] 杨晓萍. 茶叶深加工与综合利用［M］. 北京：中国轻工业出版社，2019.

[8] 王日光，张金修. 茶酒生产技术以及工艺探索 [J]. 酿酒，2019，46（04）：56-58.

[9] 国家卫生和计划生育委员会，国家食品药品监督管理总局. 食品安全国家标准 蒸馏酒及其配制酒生产卫生规范 GB 8951—2016［S］. 北京：中国标准出版社，2017.

[10] 张春花，单治国. 茶叶综合利用［M］. 昆明：云南大学出版社，2019.

[11] 杨学农，汪松能. 茶叶食品加工工艺研究 [J]. 现代农业科技，2011（08）：338-339.

[12] 尹军峰，许勇泉，张建勇，等. 茶饮料与茶食品加工研究"十三五"进展及"十四五"发展方向［J]. 中国茶叶，2021，43（10）：18-25.

[13] 韩慧恩，黄晓，王彭飞，等. 固体速溶茶粉的制备工艺研究 [J]. 福建茶叶，2020，42（11）：323-324.

[14] 李利君. 乌龙茶及速溶茶粉风味品质提升关键技术的开发与应用 [D]. 福州：集美大学，2019.

[15] 陈佳星，赵姚姚，余丽娟，等.铁观音茶膏制备工艺及其抗氧化研究 [J]. 食品科技，2021，46（07）：112-115.

[16] 柯蕾，晏嫦妤.茶多酚在日化用品上的应用进展 [J].广东茶业，2020（02）：2-4.

[17] 黎洪霞，张灵枝.茶日化产品综述 [J].广东茶业，2017（04）：2-5.

[18] 梁慧玲.茶皂素生物精制工艺研究及日化产品开发 ZL 201310723924.X[P].2017-05-08.

[19] 蒋力生，叶明花.中国药茶大全 [M].上海：上海科学技术出版社，2014.

[20] 龚佳，韩坤，王斌，等.中国药茶的历史沿革及现代进展研究[J].中国茶叶，2014，36（08）：19-20.

[21] 林乾良，陈小忆.中国茶疗 [M].北京：中国农业出版社，1998.